"十三五"翻译专业本科系列教材

丛书主编 熊 伟

计算机辅助翻译基础

■ 唐旭日 张际标 编著

Computer-Aided Translation

武汉大学出版社

图书在版编目(CIP)数据

计算机辅助翻译基础/唐旭日,张际标编著.—武汉:武汉大学出版社,2020.8

"十三五"翻译专业本科系列教材/熊伟主编

ISBN 978-7-307-21604-4

Ⅰ.计… Ⅱ.①唐… ②张… Ⅲ.自动翻译系统—高等学校—教材 Ⅳ.TP391.2

中国版本图书馆 CIP 数据核字(2020)第 107368 号

责任编辑:罗晓华　　责任校对:汪欣怡　　整体设计:韩闻锦

出版发行:武汉大学出版社　　(430072　武昌　珞珈山)

(电子邮箱:cbs22@whu.edu.cn　网址:www.wdp.com.cn)

印刷:湖北金海印务有限公司

开本:787×1092　1/16　印张:10　字数:222 千字　插页:1

版次:2020 年 8 月第 1 版　　2020 年 8 月第 1 次印刷

ISBN 978-7-307-21604-4　　定价:32.00 元

版权所有,不得翻印;凡购买我社的图书,如有质量问题,请与当地图书销售部门联系调换。

"十三五"翻译专业本科系列教材

丛书编委会

主　编　熊　伟

委　员（按姓氏拼音为序）

　　　　黄　敏　江承志　罗　菁　马文丽

　　　　唐旭日　汪　涛　熊　伟　杨元刚

前　言

　　《论语·卫灵公》中有云："工欲善其事，必先利其器"。这句话为人们所熟知，其道理也很简单：要想把事情做好，工具必须好使，如此才能事半功倍。计算机辅助翻译的出现、发展和流行，与"工欲善其事，必先利其器"的思想是一脉相承的。计算机辅助翻译学习和研究的主要目标，就是借助信息技术来优化人工翻译过程，以提供更好、更快的翻译服务。无论是翻译专业（或语言专业）的学生，还是翻译工作者，提供高效、优质的翻译服务是他们的共同愿望，当然也深知"工欲善其事，必先利其器"的道理。由是，经过业界诸多专家、学者近十年的倡导和推广，熟悉计算机辅助翻译技术的人员越来越多，计算机辅助翻译技术应用领域也越来越广，这是一个可喜的现象。

　　然而也应该看到，计算机辅助翻译技术的推广面临越来越大的阻力。这种阻力来自于两个方面。首要的方面是机器翻译的高速发展。基于深度学习的机器翻译技术在过去几年里发展迅猛。一些研究表明，在一些特定的领域（如新闻）中，机器翻译的译文水平已经达到甚至超过了人工翻译。由此而产生的疑问是：如果机器已经可以完成翻译任务，翻译过程不再需要人的参与，自然也就不再需要计算机辅助的人工翻译，那么还有必要学习计算机辅助翻译工具吗？

　　另一方面的阻力是计算机辅助翻译学习的难度。虽然计算机辅助翻译已经为越来越多的人所知晓，然而其仍然是一个陌生且令人望而却步的领域，如山上云雾中的亭台楼阁，依稀可见，却难以看得清楚，难以真正了解。导致这一现象的原因有很多。其中主要的原因是这一领域的学习内容、学习方法与语言学习的课程大相径庭。语言学习课程包括各种语言技能训练课程、文化知识课程、语言文学理论课程等，强调记忆、联想、宏观理论推导和思辨。然而，计算机辅助翻译是信息技术和工具的运用，侧重翻译过程中问题的解决。这些问题，如标点符号的准确使用、格式的标准化、术语翻译的一致性、翻译记忆库的制作等，大多具体、琐碎、相互关联。因此，语言课程中的各种学习方法难以有效迁移到计算机辅助翻译的学习之中。另一个重要原因是，对于大多数语言专业的学生而言，计算机的运作如同黑匣子一般。计算机辅助翻译涉及各种信息技术专业知识，如文字编码、文件格式与转换、数据库操作、软件界面交互，甚至算法等，计算机操作中严谨的逻辑推理、烦琐的操作步骤以及复杂的参数设置都令人无所适从。

　　如上所述，一方面，技术的发展使得计算机辅助翻译技术的学习看起来似乎已经不再需要；另一方面，计算机辅助翻译技术难以掌握。那么，为什么还需要学习计算机辅助翻译技术呢？我们认为，上述对计算机辅助翻译技术及其应用的理解是不全面的。当前基于深度学习的机器翻译技术，如同其他基于深度学习的人工智能技术一样，必须满足丰富数据和知识、完全信息、确定性信息、静态、单领域和单任务的要求。机器翻译的成功依赖于超大规模的平行语料库数据，其性能也受到单一领域的局限，难以跨领域移植。更为重要的是，语言作为人类的交际工具，具有明显的创造性、动态性和不确定性特征。这些特征都是当前基于深度学习的人工智能技术无法解决的。从这个角度看，机器翻译的应用必然受到数据规模、语言动态性和创造性的局限。高级别的人工翻译具有其不可替代性。翻译行业仍然需要依赖于人工翻译提供服务，机器翻译也需要依赖于人工翻译提供数据。

此外，计算机辅助翻译技术与机器翻译技术两者并非两种"井水不犯河水"的技术。相反，许多计算机辅助翻译技术都是以机器翻译技术为基础，两者在本质上都是自然语言处理技术的应用。如同机器翻译一样，计算机辅助翻译的最主要应用，就是拓展翻译工作者的信息处理能力，提高翻译服务的质量和效率。译后编辑模式的发展，就是结合计算机辅助翻译技术与机器翻译技术，应对不同场景需求，提升翻译效率和质量的例证。

因此，我们认为，在人工智能快速发展的时代，计算机辅助翻译技术的学习不是没有必要了，反而是变得更为重要、更为紧迫了。机器翻译技术的进步对翻译工作人员提出了更高的要求。面对机器翻译的挑战，翻译工作者应积极了解机器翻译和自然语言处理技术，积极将相关技术应用于翻译实践，运用相关技术拓展自身的信息处理能力，如此才有可能立于不败之地。

随着对译员要求的提高，计算机辅助翻译的学习方法也应随之改变。传统计算机辅助翻译的学习方法，存在"技能侧重论"与"知识侧重论"的分野（Bowker，2015）。"技能侧重论"认为熟悉市场上各种计算机辅助翻译软件很重要，强调各种软件的操作和处理。"知识侧重论"则强调理解和掌握各种软件中所包含的一般性技术知识，以及在此基础上所获得的对各种软件工具的独立评价和独立学习的能力。Bowker更倾向于"知识侧重论"，他认为：

> "The specific workings of different programs will obviously vary— the user interfaces will be different, the programs may run on different operating systems or use different file formats. Nevertheless, these competing products are largely based on the same understanding principles… Once students are familiar with these fundamental concepts, translator trainers can follow up on the information provided here with tutorials or practical sessions that will allow their trainees to get hands-on experience using the specific products that are available at their own institutions." (Bowker，2002：7-8)

软件的版本在不断更新，软件界面在不断调整，不同软件的交互界面也有所不同。因此，如果采取"技能侧重论"，一味强调操作步骤、操作技巧的学习和操练，亦步亦趋，不了解每一个操作所完成的功能和目的，缺乏对基本原理的理解，则可能导致对软件更新换代的不适应。因此，计算机辅助翻译的学习不能局限于某一个计算机辅助翻译软件的操作，而应倾向于"知识侧重论"，倾向于理解该软件设计的脉络和原理（俞敬松 & 王华树，2010），对软件设计背后的基本概念和基本原则的理解，是计算机辅助翻译学习的基本要求。

计算机辅助翻译的学习还有更高层次的要求，即在理解软件设计概念和原理的基础上，发展对信息工具的批判式评价能力。良好的信息工具评价能力，有助于将所学知识成功运用于翻译实践，在翻译过程中选择合适的信息化工具，解决翻译中存在的各种问题，提升翻译效率。学习者应在学习过程中通过自主学习，结合翻译工作实践，了解不同工具在实践中的作用和效率，多方尝试、验证，并对各种工具的有效功能和负面功能进行积极总结和反思，逐步提高应用信息工具解决翻译具体问题的能力（Bowker，2015；俞敬松 & 王华树，2010）。

基于上述考虑，本书在规划编写过程中考虑了这三种层次的学习要求：(1)软件使用技巧的学习。(2)软件设计基本概念和基本原理的学习。(3)软件功能的评判性学习。不同层次的学习，其学习方法不尽相同，对软件运用的能力也不尽相同。学习要求的层次不同，使用本书的方法也不一样：

(1)如果设定第一层次为学习目标，强调"技能侧重论"，建议首先阅读并理解第二章，了解计算机辅助翻译的总体框架，然后在通读余下各章内容的基础上，以操作学习为主，学习使用各种软件完成翻译任务的技巧。

(2)如果设定第二层次为学习目标，强调知识性学习，建议在学习各章时采取"阅读—理解—操作—反思"的步骤。学习过程中要勤于思考，运用已学知识分析和理解软件设计的原理，以阅读、思考为主，操作学习为辅，尤其注意借助各种流程图理解软件的功能和设计原理。

(3)如果设定第三层次为学习目标，则应在第二层次的基础上，将所学知识应用于实际翻译任务之中，并通过实践检验辅助翻译软件的使用效果，结合翻译实践，创造性地使用软件完成各种翻译任务，并在这一过程中及时反思、总结。

总之，在人工智能时代，计算机辅助翻译的学习变得更为紧迫。翻译人员不仅需要熟悉计算机辅助翻译工具的使用，拓展自身的信息处理能力，还需要具备更加宏观的视野，充分利用计算机辅助翻译工具和机器翻译工具，创造性地应用信息技术，以提供高效的、高质量的翻译服务。

注意： 为方便理解和学习，本书采用视频操作演示方式代替传统的书面软件操作说明，可通过扫描对应章节标题旁的二维码获取视频文件链接，下载相关视频文件或直接观看视频，特此说明。

目　录

第一章　基础知识 ·· 1
　1.1　字符编码 ·· 1
　　1.1.1　ASCII 编码 ··· 2
　　1.1.2　汉字编码 ·· 3
　　1.1.3　Unicode 编码 ··· 3
　　1.1.4　UTF-8 编码 ·· 4
　1.2　自然语言处理技术 ··· 6
　　1.2.1　语言及其定义 ··· 6
　　1.2.2　自然语言处理技术 ··· 7

第二章　翻译与信息科学 ··· 15
　2.1　传统翻译过程及其局限性 ·· 15
　　2.1.1　微观层面的局限性 ··· 16
　　2.1.2　宏观层面的局限性 ··· 17
　2.2　信息技术与翻译 ·· 20
　　2.2.1　信息技术与翻译主体 ··· 20
　　2.2.2　信息技术与翻译过程 ··· 22
　　2.2.3　信息技术与翻译效率提升 ··· 24
　2.3　历史与未来 ··· 25
　　2.3.1　计算机辅助翻译的历史 ·· 25
　　2.3.2　计算机辅助翻译的未来 ·· 26
　2.4　计算机辅助翻译研究框架 ·· 28

第三章　文档格式处理的自动化 ·· 30
　3.1　文档格式与翻译 ·· 30
　3.2　文档格式自动化的原理 ·· 31
　　3.2.1　可译字串与不可译字串 ·· 31
　　3.2.2　文件格式的自动化 ··· 34
　3.3　SDL Trados Studio 与版面格式自动化 ······································ 35

3.3.1　软件格式支持类型 …… 35
　　3.3.2　翻译单个文档 …… 36
　　3.3.3　可译字串抽取 …… 36
　　3.3.4　不可译字串的显示与处理 …… 38
　　3.3.5　源语言替换 …… 39

第四章　术语管理与翻译 …… 41
4.1　术语的确认 …… 43
　　4.1.1　术语的定义 …… 43
　　4.1.2　术语的表现形式 …… 45
4.2　自动术语抽取 …… 47
　　4.2.1　候选术语生成 …… 48
　　4.2.2　术语识别原理 …… 49
　　4.2.3　术语抽取实验 …… 52
4.3　术语数据库的构建 …… 54
　　4.3.1　术语知识微观描述框架 …… 54
　　4.3.2　术语库的构建 …… 55
　　4.3.3　术语更新 …… 56
4.4　术语数据库的使用 …… 56
4.5　术语管理策略 …… 58

第五章　翻译记忆库 …… 59
5.1　什么是翻译记忆库 …… 59
5.2　翻译记忆库的应用模式 …… 60
　　5.2.1　SDL Trados Studio 中的预翻译模式 …… 61
　　5.2.2　SDL Trados Studio 中的句段模式 …… 62
　　5.2.3　匹配率计算 …… 63
5.3　翻译记忆库的构建 …… 64
　　5.3.1　语料对齐算法 …… 64
　　5.3.2　语料对齐工具及其使用 …… 68
　　5.3.3　语段边界划分与翻译单位 …… 70
5.4　翻译记忆库的组织与维护 …… 73
5.5　翻译记忆库应用的优势与劣势 …… 74
　　5.5.1　翻译效率方面的优势与劣势 …… 74
　　5.5.2　翻译质量上的优势与劣势 …… 74

第六章　翻译质量保证
- 6.1　翻译质量保证 ·· 76
- 6.2　翻译质量检测及其工具 ··· 77
  - 6.2.1　翻译质量检测的原则 ·· 77
  - 6.2.2　翻译质量检测工具 ·· 78
  - 6.2.3　SDL Trados Studio 2015 的翻译质量验证工具 ··················· 78
- 6.3　翻译质量管理体系 ··· 82
  - 6.3.1　《翻译服务译文质量要求》 ·· 83
  - 6.3.2　《翻译质量量度》 ·· 85
  - 6.3.3　《翻译质量保证标准指南》 ·· 86
  - 6.3.4　《欧洲质量标准 EN-15038》与 ISO17100 ························· 89
  - 6.3.5　动态质量框架 ·· 90

第七章　软件交互界面的翻译
- 7.1　本地化与翻译 ·· 93
- 7.2　软件交互界面翻译 ··· 94
- 7.3　Passolo 与交互界面翻译 ·· 97
- 7.4　软件交互界面翻译原则 ·· 98
  - 7.4.1　一般性原则 ··· 98
  - 7.4.2　术语翻译规范 ··· 100
  - 7.4.3　格式规范 ·· 101
  - 7.4.4　不翻译内容 ·· 104
  - 7.4.5　地名 ·· 104

第八章　译后编辑
- 8.1　定义、历史与前景 ·· 106
- 8.2　神经机器翻译 ··· 108
- 8.3　自动译后编辑 ··· 111
  - 8.3.1　理据 ·· 111
  - 8.3.2　自动译后编辑技术 ··· 112
- 8.4　翻译质量评估与翻译质量预测 ·· 114
  - 8.4.1　翻译质量评估 ··· 114
  - 8.4.2　翻译质量预测 ··· 115
- 8.5　人工译后编辑 ··· 117
  - 8.5.1　译后编辑工作量指标 ·· 118
  - 8.5.2　MT 错误分类及其对译后编辑工作量的影响 ···················· 121

8.6　译后编辑行为模式 ·· 125

第九章　正则表达式 ·· 126
9.1　什么是正则表达式 ·· 126
9.2　正则表达式的使用 ·· 128
9.3　正则表达式的结构与功能 ·· 128
  9.3.1　与行的起始、结束相关的模块单元 ······························ 129
  9.3.2　字符类型组相关单元 ··· 129
  9.3.3　搭配相关模块单元 ··· 130
  9.3.4　词语的多种形式与译文的一致性 ······························ 131
  9.3.5　词语的重复 ··· 132
  9.3.6　翻译赘余 ··· 133
  9.3.7　字符的转义 ··· 133
  9.3.8　正则表达式注意事项 ··· 133
9.4　常用正则表达式对应表 ·· 134

附录Ⅰ　SDL Trados Studio 2015 支持的文件类型 ············ 135

附录Ⅱ　质量检测工具调查 ··· 137

参考文献 ·· 139

第一章 基础知识

本章介绍了与计算机辅助翻译相关的计算机基础知识和自然语言处理技术。计算机基础知识主要为字符编码相关知识；自然语言处理技术包括文本标准化、词性标注、命名实体识别、自动句法分析以及情感分析等。

计算机辅助翻译是信息技术在语言服务业，尤其是翻译服务中广泛运用的产物。信息技术需要计算机技术的支持，包括计算机硬件、软件、网络以及软件工具等技术的支持。信息技术的应用，自然要求掌握一些计算机相关技术的基础知识。计算机辅助翻译涉及的计算机基础知识主要涉及获取、加工、存储、提取、显示和传输自然语言的相关技术。了解和掌握计算机处理自然语言方面的基础知识，有利于快速地理解和掌握计算机辅助翻译软件相关操作。更重要的是，这些基础知识是在翻译服务过程中高效地、创造性地运用信息技术的前提。

研究如何运用计算机处理自然语言的主要学科是自然语言处理。本章首先介绍计算机处理语言的基础——字符编码，然后主要介绍在计算机辅助翻译软件的运用和开发过程中经常使用的一些自然语言处理的相关基础知识，包括文本标准化、词形还原、削尾处理、分词、词性标注、自动句法分析、命名实体识别以及情感分析等。

1.1 字符编码

语言是由符号组成的，不同的语言所使用的符号并不一样。例如，英语使用的符号类型包括字母、阿拉伯数字、标点符号等，另外还有一些特殊的符号，如脱字符(^)、星号(*)、百分号(%)等。汉语则使用汉字、拼音，以及汉语中的标点符号和其他特殊符号。然而计算机所开展的计算是以0和1为基础的。在计算机内部，所有的信息和数据最终都以"二进制位"(bit)作为信息单位。每一个二进制位(bit)有0和1两种状态。由此，运用计算机处理语言所面临的首要问题是如何在计算机中储存自然语言。而对于计算机辅助翻译而言，字符编码知识显得更为重要。翻译在本质上可以理解为符号的转换，也就是将一种编码体系转换为另一种编码体系，因此了解不同语言的编码体系是计算机辅助翻译学习中一种非常重要的基础知识。

在计算机中，语言所使用的符号也是通过二进制序列表示的。将某一符号（或称为字符）依据预先设定的规则转换为一个二进制序列的过程就是字符编码的过程。不同的语言使用不同的符号系统，因此需要不同的转换规则、不同的字符编码体系。在一个特定字符编码体系中，特定的二进制序列对应特定的字符，不同的二进制序列对应不同的字符。构建字符编码体系的过程也就是确定字符和二进制序列之间的对应关系的过程。

1.1.1 ASCII 编码

最早的字符编码系统是美国在20世纪60年代制定的一套字符编码，其中统一规定了英语字符与二进制位之间的关系，这被称为 ASCII 码（American Standard Code for Information Interchange，美国信息交换标准代码，见图1-1）。标准的 ASCII 编码用一个字节（byte）表示一个字符。一个字节包含8个二进制位。但是其最高位总是0，而使用其余的7位表示字符，总共可以表示128个不同的字符。例如，字符"a"在 ASCII 编码中表示为"01100001"，大写的字母"A"表示为"01000001"。另外一些非打印字符，也有相应的编码。如制表符表示为"00001001"，换行符表示为"00001010"。在计算机技术发展的早期，类似于 ASCII（1963年）和 EBCDIC（1964年）这样的字符编码体系逐渐成为国际标准。但是这些编码体系的局限性也很快显现出来了。对于英语而言，128个符号已经能够满足日常使用的需要。然而对于其他欧洲国家的语言，128个符号却可能是不够的，如法语中的"Dauphiné"中的"é"并不能在 ASCII 编码中找到。于是，这些国家对 ASCII 编码进行了扩展。扩展过程使用了一个字节中的所有二进制位，即8位，用以表达256个不同的字符。

图1-1 ASCII 编码表①

---

① 引自百度百科网页：https://baike.baidu.com/item/ASCII/309296?fromtitle=ascii%E7%A0%81&fromid=99077&fr=aladdin。

1.1.2 汉字编码

对于亚洲国家的文字而言,仅仅扩展 ASCII 编码并不能满足编码的需要。以汉语为例,中国大陆常用汉字有 3000 个左右,中国台湾和中国香港地区常用汉字有 4000 个左右。而 ASCII 编码中仅使用了一个字节,最多可以表示 256 种字符,完全无法满足在电脑中储存这些语言的符号系统的需求,需要使用更多的二进制,以扩大编码体系的容量。例如,人们采用 2 个字节来表示汉语的字符体系。理论上,2 个字节共 16 个二进制位,可以表达 65536 个不同字符(256×256=65536),基本满足汉字的需要。由于历史原因,现存多种汉字编码体系,分别解释如下:

(1)GB2312—1980,即中华人民共和国国家汉字信息交换用编码,全称《信息交换用汉字编码字符集——基本集》。由国家标准总局发布,1981 年 5 月 1 日实施。这一编码体系在中国大陆通行,新加坡等国也使用此编码。GB2312—1980 收录简化汉字、符号、字母、日文假名等共 7445 个图形字符,其中汉字占 6763 个。GB2312—1980 规定"对任意一个图形字符都采用两个字节表示,每个字节均采用七位编码表示",习惯上称第一个字节为"高字节",第二个字节为"低字节"。

(2)GBK,全称为《汉字内码扩展规范》,1995 年 12 月 1 日由全国信息技术标准化技术委员会制定和发布,向下与 GB2312—1980 完全兼容,向上支持 ISO 10646.1 国际标准,在前者向后者过渡过程中起到了承上启下的作用。GBK 使用双字节进行编码,共收录 21003 个汉字,并包含了 BIG 编码体系中的所有汉字,此外,还包含国际标准 ISO/IEC10646—1 和国家标准 GB13000—1 中的全部日韩汉字。

(3)GB18030,全称为《信息技术中文编码字符集》,2000 年 3 月由我国信息产业部和国家质量技术监督局联合发布。向下兼容 GBK 和 GB2312—1980 两个编码体系,同时支持 Unicode 编码的所有码位。GB18030 共收录 70244 个汉字,并包含了多种我国少数民族文字(如藏文、蒙古文、傣文、彝文、朝鲜文、维吾尔文等)。值得注意的是,GB18030 是变长多字节字符体系,以单字节、双字节和四字节进行编码。

(4)BIG5,又称大五码,是通行于中国台湾、中国香港和中国澳门地区的一种繁体字编码方案,由台湾财团法人信息产业策进会设计,在 1983 年完成公告。该编码体系不是官方标准,但广泛应用于电脑行业和互联网之中,从而成为一种事实上的行业标准。1983 年 10 月,台湾"科学委员会""国语推行委员会""标准局"等共同制定了《通用汉字标准交换码》,后经修订于 1992 年 5 月公布,更名为《中文标准交换码》。BIG5 编码体系采用双 8 位存储方法,以两个字节来安放一个字。第一个字节称为"高位字节",第二个字节称为"低位字节"。

1.1.3 Unicode 编码

以上编码体系的介绍已经显示字符编码体系的复杂性:世界上有上千种语言,不同的语言需要使用不同的编码体系，即便是同一种语言，如汉语，也可能存在多种编码体系，因此字符编码是一个非常复杂的系统。在电脑中使用一个文本编辑软件打开一个文本文件时，如果该软件不能自动识别文本文件的编码类型，就需要用户判断该文件所采用的编码体系，这样才能正确打开和显示文件。如果编码体系选择错误，文件打开不正确，显示也不会正常，而是一堆乱码。这种现象在网页浏览时也会出现。当网页制作过程中没有采用恰当的编码形式，浏览器无法准确判断所使用的编码体系时，页面显示也会是乱码。

正是由于字符编码体系的复杂性，人们提出了一种新的方法，即设计一种编码体系，将世界上大部分语言（甚至所有语言）所使用的符号都纳入其中，每一个符号都给予一个独一无二的编码。这种编码体系就是 Unicode 编码体系。Unicode 编码也称为统一码、万国码、单一码，它为每种语言中的每个字符设定了统一并且唯一的二进制编码，以实现跨语言、跨平台进行文本转换。该编码体系在 1990 年由国际标准化组织(ISO)和多语言软件制造商组成的统一码联盟开始研发，1994 年发布。

Unicode 字符共分为 17 组，用 16 进制表示的码位范围为 0X0000 至 0XFFFF。每一组称为一个平面，每个平面拥有 65536 个码位。Unicode 是一个很大的集合，现在的规模可以容纳 100 多万个符号。每个符号的编码都不一样，比如，U+0639 表示阿拉伯字母 Ain，U+0041 表示英语的大写字母 A，U+4E25 表示汉字"严"。具体的符号对应表，可以查询 unicode.org，或者专门的汉字对应表。

Unicode 编码只是规定了每一个字符的数字编号是多少，但是并没有规定这个数字变化应该使用多少个二进制位储存。由此而产生了 UTF-32、UTF-16 以及 UTF-8 三种 Unicode 的储存方式。其中 UTF 是"Unicode Transformation Format"的缩略语。UTF-32 采用 4 个字节储存字符，因此字符所对应的编号可以直接转化为二进制进行存储。而 UTF-16 和 UTF-8 则使用变长字节存储。以 UTF-8 为例，它使用 1 至 4 个字节表示一个符号，根据不同的符号而变化所使用的字节长度。UTF-8 的编码规则很简单，只有两条：(1) 对于单字节的符号，字节的第一位设为 0，后面 7 位为这个符号的 Unicode 编码。因此，对于英语字母，UTF-8 编码和 ASCII 编码是相同的；(2) 对于 n 字节的符号(n>1)，第一个字节的前 n 位都设为 1，第 n+1 位设为 0，后面字节的前两位一律设为 10。剩下的没有提及的二进制位，全部为这个符号的 Unicode 编码。采用变长编码形式的一个主要优势是可以节约大量储存空间。我们已经知道，在 ASCII 编码中，英文字母只用一个字节表示。而如果按照定长方法，如 UTF-32，一个英文字母就需要 4 个字节，这对于存储来说是极大的浪费，文本文件的大小会因此大出两三倍。而变长编码形式则不会出现这类问题。

1.1.4 UTF-8 编码

如前所述，UTF-8 编码是 Unicode 编码体系中可变长字符编码，可以用来表示

Unicode 编码中的任何字符，且其编码中的第一个字节仍与 ASCII 编码相容，使得原来处理 ASCII 字符的软件不需要修改，或者只进行少部分修改，便可继续使用。因此，它逐渐成为电子邮件、网页及其他存储或传送文字的应用中优先采用的编码体系。

UTF-8 使用 1 至 4 个字节为每个字符编码，其中一个 ASCII 字符只需使用 1 个字节，带有变音符号的拉丁文、希腊文、西里尔文、亚美尼亚文、希伯来文、阿拉伯文、叙利亚文等语言中的字母需要 2 个字节，包括中日韩文字、东南亚文字、中东文字等在内的大部分语言使用 3 个字节编码，此外，还有小部分语言使用 4 个字节。其中，汉字的编码范围为［\u4e00-\u9fa5］和［\u2E80-\u9FFF］，后者还包含日韩两国的汉字。

值得注意的是，在处理 UTF-8 编码的纯文本文件时，还需要考虑该文件是否使用了 BOM(Byte Order Mark)，即在文件开头有"EF BB BF"字节流。在 UTF-8 中，BOM 可以用来表明编码方式。当文本程序读取到以上字节流时，就可判断这是 UTF-8 编码。不同的操作系统在 BOM 的处理方式上不尽相同。Windows 操作系统倾向于使用 BOM，而 Linux 等其他操作系统则不提倡使用。因此，在处理 UTF-8 编码的文件中，如果文件解析过程出现错误，应考虑是否存在 BOM。

在微软操作系统 Microsoft Windows 10 中，可使用其自带的软件"记事本"查看和转换编码方式。采用"记事本"打开任一文本文件，从菜单上选择"文件>另存为"，即可打开如图 1-2 所示的对话框，其中底部的"编码"所显示的即当前文件的编码形式。图 1-2 中文件采用"带有 BOM 的 UTF-8"编码形式。点击此处可打开下拉菜单，其中给出了"ANSI"(扩展的 ASCII 编码)、"UTF-16 LE"(UTF-16, Little-Endian Byte Order)、"UTF-16 BE"(UTF-16, Big-Endian Byte Order)、"UTF-8"以及"带有 BOM 的 UTF-8"五个选项。选择所需要保存的格式，单击"保存"按钮，就可以将当前文件保存为所需要的编码形式。

图 1-2　查看文件编码示意图

1.2 自然语言处理技术

1.2.1 语言及其定义

要了解自然语言处理技术,需要从了解语言的定义入手。我们采用潘文国(2001)收集到的六十多条关于语言的定义,做成词云①,如图1-3所示。从图中可以看出,语言学领域的研究者们从多个角度理解和定义语言。例如,从语言与人类的关系角度,认为语言是人类交际的工具,是人类的一种思想行为、社会行为和表达行为。从语言的内在结构分析,认为语言是一个符号系统,包括语音符号和文字符号两种类型,语音符号是第一位的,文字符号是第二位的。

图1-3 语言定义的词云

然而,自然语言处理领域对语言的定义与语言学领域对语言的定义不尽相同。例如,涂铭、刘祥和刘树春(2018, p.1)提到,"从建模的角度看,为了方便计算机处理,自然语言可以被定义为一组规则或符号的集合,我们组合集合中的符号来传递各种信息"。因此,从信息传递的角度看,语言是一种非结构化数据形式,所提供的是非结构化信息。试分析如下的一串文字:

例1-1

首局中,第一次技术暂停后,阿根廷队将比分反超,中国女排毫不示弱,强势反击,双方战至17-17平后,中国女排连得8分,以25-17拿下第一局。②

---

① 采用 https://wis-ai.com/WordCloud/ 提供的词云生成工具。
② 引自新浪新闻报道,网页访问时间为2019年9月30日,网址为: https://news.sina.com.cn/c/2019-09-29/doc-iicezueu9179708.shtml。

在这一段话语中，包含很多的信息。从语言单位上看，语篇中包含字的信息、词的信息、短语的信息、句法关系信息以及篇章结构信息；从知识层面看，语篇中包含诸如"阿根廷队""中国女排"等团队名称，"技术暂停""比分""反超""17-17 平""第一局"等概念；从语篇中可以知晓所发生的事件是中国女排与阿根廷女排进行的一场比赛。然而这些信息并不是按照数据库中的结构记录下来的。虽然其具有内部结构，但不通过预定义的数据模型或模式进行结构化，因而不能像从数据库中直接提取数据那样从语篇中提取需要的信息。自然语言处理研究的目标，就是设计"输入和输出都为非结构化自然语言"的数据处理方法和算法（约阿夫·戈尔德贝格，2018，p.1），用计算机来处理、理解和运用自然语言，从而拓展人类获取和利用信息的能力。

1.2.2 自然语言处理技术

自然语言处理研究从 20 世纪 40 年代末就已经开始了，经过六十多年的发展，已经积累了大量研究成果，涌现出多种自然语言处理技术。本部分结合计算机辅助翻译学习和研究的需要，介绍几种基础的自然语言处理技术，主要包括文本标准化技术、分词、词性标注、自动句法分析、命名实体识别以及情感分析。这些自然语言处理技术是现有计算机辅助翻译软件的基础技术，理解和掌握这些知识有助于深入理解这些软件的运行机制，从而能够更高效地学习和运用这些软件。更为重要的是，自然语言处理技术是信息技术的重要组成部分，也是当前人工智能发展的重要方向，学习相关技术有利于培养和发展信息素养，深入理解自然语言处理与翻译服务之间的关联。

了解和学习自然语言处理技术最好的方式是实验。使用已有的自然语言处理工具进行各种语言数据处理实验，通过实验了解计算机如何通过符号转换的方法将非结构化的自然语言变成结构化的数据。本书借用斯坦福大学自然语言处理小组提供的自然语言处理演示平台解释自然语言处理基本技术，平台网站为 http://corenlp.run。也可以从网站下载该工具自行安装，下载网站为 https://stanfordnlp.github.io/CoreNLP/index.html#download。表 1-1 给出了另外一些重要的自然语言处理工具包，以供参考。

表 1-1　自然语言处理工具包列表

名称	简　　介
NLTK	由宾夕法尼亚大学采用 Python 语言开发。NLTK 提供包括 WordNet 在内的百余个语料资源，以及分类、分词、词干提取、词性标注、依存分析、语义推断等一系列功能，是最为知名的 Python 自然语言处理工具。
OpenNLP	由 Apache Software Foundation 采用 JAVA 语言开发。提供基于机器学习的自然语言文本处理功能，包括标记化、浅层分析（句字分块）、分词、分句、分块、词性标注、命名实体识别、语法解析、指代消解等。

续表

名称	简介
spaCy	由 Explosion 公司基于 Python 语言开发。支持英语、德语、法语、西班牙语等。具有词语切分、词性标注、依存句法分析、命名实体识别等功能。
LTP	由哈尔滨工业大学开发。提供中文分词、词性标注、命名实体识别、依存句法分析、语义角色标注等丰富、高效、精准的自然语言处理模块。"语言云"以 LTP 为基础,提供具有跨平台、跨语言等特性的中文自然语言处理云服务。
FudanNLP	由复旦大学开发。提供中文分词、词性标注、实体名识别、关键词抽取、依存句法分析、时间短语识别等中文处理功能,文本分类、新闻聚类等信息检索功能,以及在线学习、层次分类、聚类等结构化学习算法。
TextBlob	由 Steven Loria 开发。主要支持英语。具有词语切分、词形标注、句法分析、名词短语抽取、情感分析、N 元抽取等。

1.2.2.1 文本标准化

如前所述,自然语言是非结构化数据。从非结构化数据中挖掘相关信息的第一步是文本标准化(Text Normalization),即将文本转换为一种更标准的形式,以便进一步分析(Jurafsky & Martin, 2019)。文本标准化的主要任务是词语层面的标准化,即以语素为单位,对语言符号的构成进行分析。具体任务包括词语切分(Tokenization)、词形还原(Lemmatization)以及削尾处理(Stemming)等。不同的语言进行文本标准化的方法不尽相同。例如,汉语和英语的文本标准化处理的任务差别很大,汉语的词语切分(分词)是一项艰巨的任务,而英语文本标准化的主要困难在于词形还原和削尾处理。

1.2.2.1.1 词形还原与削尾处理

词形还原与削尾处理是词形分析的两种方式。词形还原是对词语进行分析,去除词缀,获取该词语的词根(即能够在词典中找到的词语)。在存在形态变化的语言(如俄语、英语)中,具有相同词根的词语形态却不尽相同。例如,英语中动词"be"可以表现为"are""is""am""were""was""been"等不同词形,名词"leaf"可以表现为"leaf"和"leaves"等。采用词形还原方法就是将不同词形转化为同一词根,如例 1-2 所示。

例 1-2

leaves → 词形还原 → leaf

caring → 词形还原 → care

将不同词形还原为同一词根也就是将同一概念的不同表达形式还原为同一表达形式,这有助于揭示概念在文本中的分布规律。从计算机辅助翻译角度看,这有助于分析同一概念在不同语境中所采取的翻译策略和译文,增强文本匹配相似度。

在 NLTK(Natural Language Toolkit)(Bird, Klein & Loper, 2009)中,可以找到一种基

于 WordNet 的词形还原工具。该工具可以完成部分英语词语的词形还原任务。图 1-4 给出了这一工具的演示过程。可以看出，WordNet 的词形还原工具的准确性还有待提升。在对"take"一词的不同词形还原时，不能准确判断其中两种非规则变化（"took"和"taken"），准确率为 50%。

图 1-4　WordNet 词形还原示例

削尾处理也是一种词形处理方式。与词形还原不同，削尾处理不一定要求处理的结果一定可以在词典中找到。换言之，削尾处理之后的结果不一定是真实的词语。例如：

例 1-3

leaves→ 削尾处理 → leav

caring → 削尾处理 → car

比较例 1-2 和例 1-3 可以看出词形还原和削尾处理的区别。如果需要在处理结果中保留词语原形并进行进一步处理，应采用词形还原工具。

NLTK 中提供了多种削尾处理工具。图 1-5 演示了两种英语削尾工具（Porter 与 Lancaster 削尾工具）的处理结果：

图 1-5　Porter 与 Lancaster 削尾工具演示

两种工具将"executes"和"executing"后缀削除后，都处理成"execut"，这一词形无法在词典中找到。此外，还可以看出 Porter 具有一定的处理非规则变化的能力，将"lying"处理为"lie"。

1.2.2.1.2　分词

所谓分词，就是将话语流切分(Tokenize)为单个的词语。分词是自然语言处理的基本任务，以目前水平，难以做到完全准确。在英语中，虽然词与词之间有空格，但是也存在一些特殊现象，包括数字、货币符号、标点符号、附着词（Clitic）、URL、E-mail 地址等，如例 1-4 所示。这里所常用的分词标准是宾州树库切分标准(Penn Treebank Tokenization)。宾州树库切分标准的目的是满足句法分析的需要，对附着词和货币单位进行了切分，如例 1-4 中的"doesn't"被切分成"does"和"n't"，"＄"符号也与其后的数字区分开来。此外，该标准也没有进行大小写的转换。

例 1-4

"The San Francisco-based restaurant," they said, "doesn't charge ＄10".

→

"／The／San／Francisco-based／restaurant／,／"they／said／,／"／does／n't／charge／＄／10／"／．

分词是汉语词形分析的主要任务。汉语的分词，就是在词与词之间加上边界标记，将句子转化为词的表示形式。例如，例 1-5A 是汉语中的原文，分词后的结果如例 1-5B 所示，增加了词的边界。汉语分词是一个非常复杂的任务。其中主要困难在于分词歧义。对于例 1-5A 中的句子，采用 Stanford CoreNLP(版本 3.9.2)处理结果如例 1-6 所示。其中"尚"字既可以与前面的"和"字组成"和尚"一词，也可以与其后的"未"字组成"尚未"一词，由此而形成歧义切分。处理分词歧义的能力是衡量分词工具性能的主要指标。

例 1-5

A）结婚的和尚未结婚的。

B）结婚／的／和／尚未／结婚／的

例 1-6

结婚／的／和尚／未／结婚／的

1.2.2.1.3　句子边界划分

句子边界划分是文本标准化处理的基础环节。一般而言，句子边界划分的主要依据是标点符号。在汉语和英语中，句号、问号、感叹号可以作为句子的结尾标记。在汉语中，问号、感叹号以及句号作为句子结尾的歧义性比较小。然而英语的标点符号使用情况更为复杂。英语中的句号(.)除了具有指示句子结尾的功能外，还具有其他的功能，如表示缩略语(如 Mr., Inc.)等。英语中的单引号(')除了具有双引号的功能外，还可以作为附着词(如 doesn't 等)的标记。

句子边界划分是一个二类划分问题。简单的句子划分方法可以通过正则表达式实现。更高要求的句子边界划分则需要使用机器学习方法。NLTK 和 Stanford CoreNLP 都提供了句子边界划分功能。在 NLTK 中进行句子边界划分的方法如图 1-6 所示。其中的"English.pickle"是 Punkt 句子切分知识模型，通过机器学习方法获得。

```
Python 2.7.13 |Anaconda 4.4.0 (64-bit)| (default, May 11 2017, 13:17:26) [MSC v.
1500 64 bit (AMD64)] on win32
Type "copyright", "credits" or "license()" for more information.
>>> import nltk
>>> sents = "No pains, no gains. Man proposes, God disposes."
>>> sent_tokenizer = nltk.data.load("tokenizers/punkt/english.pickle")
>>> sents = sent_tokenizer.tokenize(sents)
>>> import pprint
>>> pprint.pprint(sents)
['No pains, no gains.', 'Man proposes, God disposes.']
>>>
```

图 1-6　句子边界划分演示

句子边界划分是翻译记忆库构建的基础环节。在讨论翻译记忆库构建过程中，我们会进一步讨论句子边界划分问题。

1.2.2.2　词性标注

词性是依据词语的基本语法功能进行分类的结果，通常也称为词类。给定一个句子，词性标注（Part-of-Speech Tagging）就是逐个判断词语的语法功能和语法类型，确定其词类，并加以标注的过程。例如，给定句子"今天是国庆节"，词性标注的结果为"今天/NT 是/VC 国庆节/NN 。/PU"。其中的词性标记 NT、VC、NN 和 PU 分别代表时间名词、系表动词、名词和标点符号。

在语言学研究中，不同的语言学理论对词语的语法功能描写方式不尽相同。以不同的语言学理论所制定的语法体系为依据，获得不同的词性标注集合（Tagset）。采用不同的语法体系处理同一个句子，可能得到不同的词性标记序列。英语常用的词性标注集是"宾州树库词性标注集"，汉语的词性标注集常用的是"北京大学词性标注集"。

Stanford CoreNLP 提供中英文词性标注工具，采用的词性标注集合分别为"中文宾州树库词性标注集"和"英文宾州树库词性标注集"。例 1-7、例 1-8 给出了运用这两种词性标注集合进行词性标注的结果。

例 1-7

明天必将更加美好。

明天/NT 必/AD 将/AD 更加/AD 美好/VA 。/PU

例 1-8

It will be better tomorrow.

It/PRP will/MD be/VB better/JJR tomorrow/NN ./PU

1.2.2.3 命名实体识别

命名实体识别(Named Entity Recognition)也是自然语言处理的一项基本任务,其主要目的是识别文本中的人名、地名、时间、数字、货币、组织机构名等命名实体。例如,在例1-9A 的文本中,包含的人名有"朱艺""布朗宁"等,地名有"北京""德国""英格兰"等,时间有"2月25日"等,机构名有"恒大""亚冠"等。命名实体识别的任务就是将这些名词识别出来,并进行相应的标注。例1-9B 给出了 Stanford CoreNLP 的命名实体识别结果。

例 1-9

A)北京时间2月25日消息,德国转会市场管理员朱艺微博透露,恒大更新了亚冠报名名单,补报4号布朗宁,由于入籍暂未完成,目前是以英格兰外援的身份报名。①

B)[北京]$_{state\_or\_province}$ 时间 [2月25日]$_{date}$ 消息,[德国]$_{country}$ 转会市场管理员 [朱艺]$_{person}$ 微博透露,恒大更新了亚冠报名名单,补报 [4]$_{number}$ 号 [布朗宁]$_{person}$,由于入籍暂未完成,[目前]$_{date}$ 是以 [英格兰]$_{country}$ 外援的身份报名。

当前在受限文本类型(如新闻)中,命名实体识别的准确率还比较高。但是缺乏通用的命名实体识别工具。

1.2.2.4 自动句法分析

自动句法分析(Parsing)是自然语言处理的核心技术,也是对自然语言进行深层次理解的基础。自动句法分析的任务是确定句中的句法成分以及成分之间的语法关系,并用一定结构表示出来。例如,给定例1-10 中的句子,自动句法分析的结果如图1-7 所示。图1-7 中各词语之间的语法关系已明确给出,如"中国"是"女排"的名词修饰语(nmod),也是"重回"的主语(nsubj)等。

例 1-10

中国女排重回世界第一。

图 1-7 依存语法分析演示

自动句法分析是一个十分复杂的问题。同一个句子,依据不同的语法理论,可以获得不同的句法分析结果,所包含的数据信息也不尽相同。现有流行的语法理论主要有两种:短语结构语法(Phrase Structure Grammar)和依存语法(Dependency Grammar)。图1-7 所给出的是依存语法分析结果。依存语法分析的主要特征是能确定词语之间的语法关联。这种关联是一种非对称的关系,其中的中心成分称为 head(中心成分),附属成分称

---

① 引自新浪新闻。

为 dependent(依存成分)。例如图 1-7 中"中国"是依存成分,"女排"是中心成分。依存语法是当前自然语言处理应用最为广泛的语法体系。

短语结构语法是由 Noam Chomsky 提出的一种描述句法结构的系统。图 1-8 给出了采用短语结构语法进行自动句法分析的结果。

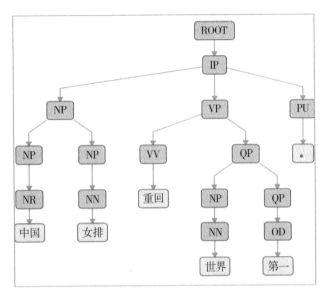

图 1-8　基于短语结构语法的自动句法分析演示

图 1-8 所示的结果也可以描述成一系列生成规则:

ROOT → IP　　　　　　　　IP → NP VP PU
NP → NP NP　　　　　　　VP → VV QP
NP → NR|NN　　　　　　　QP → OD
NR = {中国}　　　　　　　 NN = {女排, 世界}
OD = {第一}　　　　　　　 VV = {重回}
PU = {。}

在计算机辅助翻译研究中,自动句法分析的应用还没有得到足够的重视,应用面局限于译文质量检测等方面。然而从理论上讲,翻译过程中源语言理解和目的语转换过程中必然会运用语法知识。因此,自动句法分析在计算机辅助翻译过程中有一席之地,只是目前在应用的方法方面还需要进一步探索和开发。

1.2.2.5　情感分析

语言在传递信息的同时,也会传递说话人/作者在说话或写作时的情绪、说话人/作者对所讨论内容的态度和主观判断。所谓情感分析技术就是分析文本中所表达的作者的情绪、对某一事物所表达的态度或倾向性。最简单的情感分析将文本区分为正面、负面和中性三种类型。例如,表 1-2 是在豆瓣网上找到的对某一部电影的评论数据。

表 1-2　语言的情感倾向性举例

语　句	态度	Stanford CoreNLP
这是一部精致、有趣且不乏动人之处的作品。	正面	负面
我们的感动，并不来自于集体的光辉成就，那是一种矫揉造作。	负面	负面
方言，方言，我爱方言。	正面	负面
真的难以形容这种撕裂感。这是不可能完成的故事。	负面	负面
七个导演，七个故事。	中性	负面

Stanford CoreNLP 提供了情感分析工具。然而，该工具将所有的例句都判断为负面，其准确性还有待进一步提高。

思　考　题

1.语言学中对于语言的定义和自然语言处理中对语言的定义有何不同？你认为出现这种不同的主要原因是什么？

2.汉语和英语中进行文本标准化所采用的步骤和方法存在区别吗？为什么？

3.自然语言处理基础技术如词性标注、命名实体识别、自动句法分析在计算机辅助翻译中有哪些可能的运用？

4.情感分析技术在计算机辅助翻译中有哪些潜在的应用？

第二章 翻译与信息科学

> 传统翻译流程已渐渐不适应语言服务产业的发展。信息技术与翻译的结合，引入了新的翻译研究主题，改变了翻译过程，提高了翻译质量和效率，是未来发展的必然趋势。

2.1 传统翻译过程及其局限性

计算机辅助翻译的思想在20世纪60年代已经萌芽，然而其在全球范围内大规模的商业化应用则始于21世纪初（Chan, 2015b）。在国内，北京大学于2006年开设了计算机辅助翻译专业课程（俞敬松 & 王华树, 2010），计算机辅助翻译仍然是一种发展中的新生事物。辩证法告诉我们，新生事物的出现，在于否定旧事物中消极、过时的东西，吸收和继承旧事物中积极、仍然适应历史条件的东西，同时增添新的东西，从而在形态上比旧事物高级，在结构上更趋于合理，在功能上更加强大。要深入了解计算机辅助翻译这一新生事物的特征和作用，我们需首先将传统的翻译过程置于当前信息化时代的大背景下，并从语言服务这一角度分析和讨论传统翻译存在的问题和不足，理解信息科学相关研究成果、技术以及工具等在解决这些问题中可能发挥的作用。

翻译作为人类的活动具有悠久的历史。本质上，只要存在不同语言之间的交流就存在翻译活动。中国作为一个多民族国家，翻译活动历史悠久。马祖毅（2004）在梳理我国"五四"以前的翻译历史时提到，我国的佛教翻译从东汉恒帝末年开始，到唐代已至极盛。在近两百年里，西学东渐，都离不开积极的翻译活动。一大批翻译实践和理论大家，如严复、梁启超、鲁迅、胡适、林语堂、朱光潜、郁达夫等，在进行大量翻译实践的同时，也构建了完整的翻译理论体系。

翻译过程也是翻译理论研究所关注的一个重要方面。许钧（2003）对近年翻译过程的相关研究进行了梳理，并介绍了奈达区分的狭义翻译程序和广义翻译程序。狭义翻译程序又可区分为翻译的一般程序和翻译的特别程序。前者包括研究有关背景，确定初译所需的时间与条件，对原文进行分析、传译和重组，确定翻译单位，采取种种手段形成译文，多次改稿，排列不同书卷的翻译或修订顺序，提供补充材料等步骤；而后者则包括审校、校勘、修订等步骤。而广义翻译程序则包含10个步骤：(1)不合适的翻译程序。(2)译前准备。(3)翻译小组的结构。(4)审稿结构。(5)辅助人员。(6)翻译程序，即各种翻译队伍中所采取的一般程序和特殊程序。(7)对译文进行检验。(8)校对清样。(9)行政管理工作的程序。(10)译本出版以后的工作。

翻译研究人员主要关注狭义翻译程序，也就是译者在转换一个文本的语言时所经历的一系列具体而细微的程序或步骤。关注狭义翻译程序有利于译者改善翻译行为，提高翻译质量。然而，随着全球化进程的不断加快、互联网的兴起和扩张、信息爆炸时代的来临，翻译活动作为不同语言和文化交际的桥梁，面临巨大压力。在产业化的翻译活动中，一个翻译项目动辄几十万、上百万字，且涉及多语种、多领域，甚至多学科。传统手工作坊式的翻译模式在生产效率方面已经难以适应当前对翻译的要求，有必要从广义角度重新审视翻译过程，分析其中的问题，并借助信息技术改善翻译过程，提升翻译效率，提高翻译质量。

在当前翻译活动向规模化、产业化转变的过程中，一个翻译产品往往由多位翻译人员完成。一篇译稿被切割成多份，分别交由多人分别翻译，然后将翻译结果合并，审校后交出。这时翻译过程已经转变为广义的翻译过程。设想一个翻译团队同时翻译如下一段文字：

> Multiword expressions are expressions consisting of two or more words that correspond to some conventional way of saying things (Manning & Schutze, 1999). ... Efficiently recognizing multiword expressions and deciding the degree of their ***idiomaticity*** would be useful to all applications that require some degree of semantic processing, such as question-answering, summarization, parsing, language ***modelling*** and language generation. ... Moreover, we inspect the extent to which multiword expressions can contribute to a basic NLP task such as shallow parsing and ways that the basic property of multiword expressions, ***idiomaticity***, can be employed to define a novel task for Compositional Distributional Semantics (CDS) ...
> (节选自 Korkontzelos, 2010)

然后我们从微观和宏观上分析，可以发现如果在传统翻译流程中开展多人合作翻译会出现诸多问题。这些问题有的可以通过传统方法解决，有的则必须借助信息化手段才能更好地解决。下面我们对这些问题进行具体分析。

2.1.1 微观层面的局限性

从微观层面即翻译人员的个体翻译行为以及翻译结果进行分析，可以发现传统翻译过程中存在一些非常明显的局限性，如重复劳动、人力资源的浪费、术语不一致、翻译风格不一致、忽略格式排版等问题，这些问题都与翻译的质量和效率相关。

传统翻译过程中存在重复劳动与人力资源的浪费，这是造成翻译效率不高的一个重要原因。在科技文献翻译中，这一问题更为明显。科技文献中相同或相近的句子的比例比较高。在软件开发、机械制造等领域，当设备更新或者软件版本更新时，软件或者设备的使用手册也需要更新。然而，新的版本与原有版本相比较，往往存在很多重复内容。另据有关报道①，专利文献文本的重复率可达65%，科技报告的重复率甚者可达80%，会议上发表的论文，大约有40%会在期刊上报道。如果原有翻译成果没有在这些文献的翻译过程中得到有效使用，必将造成大量的人力和资源浪费。

翻译风格不一致、术语不一致是导致译文质量不高的一个主要原因。大规模的翻译项目需要多人同时参与翻译过程（靳光洒，2010）。然而，专业文献的翻译不可避免地会涉及大量专业术语，如果不能保证同一领域内（或同一文本中）术语的一致性，则势必造成读者在阅读译文时的困惑，严重影响理解，降低译文的准确性和可信度。据称，全球化项目的总成本中有15%源于返工，而造成返工的主要原因是术语的不一致（钱多秀，2011:24）。翻译过程中术语不一致的原因是多方面的，有的是不同地域的方言造成的。例如，"software"在中国大陆被普遍翻译为"软件"，但是在中国台湾等地则被译为"软体"（陈谊 & 范姣莲，2008）。此外，翻译人员不熟悉专业领域相关知识，也是协同翻译过程中出现翻译结果不一致的原因之一（叶娜，张桂平，韩亚冬 & 蔡东风，2012）。

传统翻译过程中极少注意到文本格式问题，而将注意力集中于译文的质量。译员一般采用文本编辑器或者办公软件（如 Microsoft Word）进行翻译，在翻译完成后直接将文件提交，而并不考虑用户需要的文件格式类型。然而，在计算机应用高度普及的环境中，译文往往需要以不同形式的电子文本格式呈现，不同电子文本对格式的要求也并不一样。因此，忽视格式处理问题往往意味着翻译任务并没有真正完成。

文本格式问题在处理图文并茂的文档时更为明显。在这种情况下，文字与图片之间存在关联，不恰当的处理方式可能导致译文阅读方面的困难。传统翻译方式在处理图文并茂的文件格式（如 PowerPoint）时，通常采用如下模式：打开原文文件，在文件中删除原文，然后再键入译文。在翻译过程中，译员往往在编辑与排版上浪费大量的时间（王华树，2014）。如何高效率处理多媒体文本，是传统翻译过程面临的问题。

2.1.2　宏观层面的局限性

在宏观层面，传统译学框架对应用研究分支不够重视，甚至完全排除科技翻译和社科翻译（王华树，冷冰冰 & 崔启亮，2013）。而在全球化和信息化时代，植根于传统译学框架下的翻译活动所提供的服务已不能满足社会发展的需要。翻译这一行业本身需要实现转型，即从简单地提供"翻译"服务向提供全方位的"语言服务"方向转变。

对于企业而言，全球化和信息化意味着新的商业模式和管理模式，企业业务类型也

---

① lib.gdou.edu.cn/xxjs/download/duomeiti/…/信息检索概述.ppt.

日趋复杂化。诸如国际贸易、国际工程、国际会展、国际化开发和本地化等大型项目，涉及多个国家、多个部门、多个语种、多种类型，项目操作错综复杂。例如，在 Windows 7 本地化项目中，其 SKU(Stock Keeping Unit)需支持 35 种语言，系统界面需支持 60 种语言，需要本地化的资源达到 100 种，Windows 8 则需要支持 109 种语言。如此庞大的项目牵涉到全球范围内上百个部门之间的协调沟通、数千团队成员的密切协作。一个大型的翻译项目，需要在接受任务、管理翻译过程，控制翻译进度等多方面开展科学管理，协调多方面关系和利益。而传统翻译过程中存在诸多任意性，如报价不精确、不能准确预估翻译完成时长、不能确定整个工作的完成时间等。这要求必须由原来的单兵作战转变为团队协作，借助现代化项目管理系统实现资源的最优配置，顺利完成相关任务（王华树等，2013）。传统译学框架中对协同翻译流程、翻译质量控制等方面的研究鲜有涉及，不能提供有效的指导。

在信息化背景下，翻译对象、翻译流程以及质量控制等诸多方面都在发生变化。传统翻译往往以纸质文本为对象，而信息化已经引起翻译领域和业务类型的变化，翻译对象也呈现多元化趋势。例如，在本地化翻译中，除了文档翻译之外，还有软件本地化翻译、网站本地化翻译、多媒体本地化翻译、影视翻译、课件本地化翻译、游戏本地化翻译等（王华树等，2013）。翻译流程也发生了变化，不再是从源语理解到目的语生成的两元模式，也不是"翻译—审阅—校对"的流程，而是包含"源文档创作、存储、翻译、编辑、校对、更新、审核、发布"等多个阶段的整体化服务流程。

在翻译质量控制方面，传统翻译侧重于从理论上探讨翻译质量，如严复的"信、达、雅"。然而在大规模商业化翻译中，不仅需要从理论上探讨翻译质量，还需要提供翻译质量的量化考核，通过制定量化标准来规范翻译服务标准。由此出现了欧洲统一翻译服务标准"EN15038:2006"、美国 ASTM F2575-06 翻译质量保证标准指南、加拿大"CAN/CGSB-131，10-2008"国家服务标准、中国的《翻译服务规范 第 1 部分：笔译》《翻译服务译文质量要求》《翻译服务规范 第 2 部分：口译》《本地化业务基本术语》《本地化供应商选择规范》等翻译服务标准。另外，还有 LISA(Localization Industry Standards Association) 和 OASIS(Organization for the Advancement of Structured Information Standards) 制定的翻译质量量化标准等。

此外，传统翻译在质量控制方面要求比较单一，认为质量控制的主要目的是获取高品质译文。而信息化过程对翻译质量提出了多元化的衡量标准。Hutchins(2005)认为，人们在讨论机器翻译时，往往抱怨翻译质量差。然而，不同的应用环境对于翻译质量的需求是不同的。对翻译质量的需求可以大致区分为四种类型(或四个层次)：

(1)宣传型(Dissemination)：翻译质量应满足"可发表"的质量要求。这一类型中译文文本不一定会发表，但译文应具有较高质量，符合可发表的要求，经得起读者的苛刻检查。

(2)理解型（Assimilation）：译文具有可理解性，可以服务于信息过滤、浏览，可供读者参考使用。

（3）交互型(Interchange)：译文能够满足通过信件、电子邮件、电话、短信等进行交际的过程的需要，翻译质量只需保证交互双方可以快速获取信息，顺利达成交际目的。

（4）数据获取型(Data Access)：译文能够帮助用户从某一外文数据库中获取相关信息，而不需要对译文有很好的理解，如从互联网中获取信息等。

可以看出，类型(1)对译文质量的要求最高，而类型(4)对译文质量的要求较低。不同的译文质量要求对应不同的译文应用环境。译文应用的交际渠道不仅包括纸质媒介或者口头会话，还包括多种电子终端(如手机、即时通信系统、微博、IP 电话等)，其格式包括文字、图片、音频、视频、网络等。宣传型的译文质量应用于纸质媒介，或者相对正式的外交场合，理解型、交互型、数据获取型则在电子终端有了更多的应用。

在全球化和信息技术的飞速发展中，传统翻译服务逐渐演化为一种新的服务类型——语言服务。根据美国语言服务研究机构 Common Sense Advisory 发布的 2018 年语言服务市场报告，全球 2018 年语言服务行业产值为 465 亿美元，比 2017 年增长 7.99%。语言服务是一个以翻译和本地化服务、语言技术工具开发、语言教学与培训、语言相关咨询业务为内容的新兴行业。从定义上看，语言服务的范围已经远远超出传统意义上的翻译行业，成为全球化产业链的一个重要组成部分(郭晓勇，2010)。因此，需要从传统翻译概念中脱身出来，在一个更大的环境中重新审视翻译行为，这不仅有助于理解翻译行为的本质，更有利于最大程度地发挥翻译在社会发展、社会经济活动中的作用。

语言服务是行为主体以语言文字为内容或手段为他人或社会提供帮助的行为和活动(赵世举，2012; Beninatto & Johnson, 2017)。其中的行为主体不能简单理解为翻译人员，而是包含多种具备不同专业背景知识和素养的人群，如管理人员、工程师、出版设计、教师、翻译人员等。这些人员协同工作，共同创造服务。语言服务的类型包括翻译(书面翻译、口译、网站翻译、电话口译等)、语言培训(语言知识、技能、应考培训)、语言资源管理、翻译技术、课件本地化、游戏本地化等。从服务目标来进行划分，可以区分为语言知识服务、语言技术服务、语言工具服务、语言使用服务、语言康复服务、语言教育服务等。

语言服务的兴起是市场驱动的结果，是全球化和信息技术发展对传统翻译行业带来的变革，而不是翻译研究本身带来的变化（Balkan, 2004:12）。这种驱动力的一个重要来源是本地化业务的发展。早在 1998 年，微软本地化产品的规模达到了 50 亿美元。另有报告称，在美国，部分软件公司的非英语软件产品的营业额占其总额的 50% 以上。本地化业务不仅增加了企业产品的销售量，而且延长了产品的生命周期，一个在本国市场已经逐渐衰落的产品在经过本地化之后仍然能够在其他国家找到销路。因此，许多软硬件公司、电子商务网站、汽车制造商、电子产品制造商等都非常重视本地化。许多公司在发布新产品时，往往希望以多种语言同时发布。本地化业务需求的增加，直接推动了语言服务产业的发展。

跟踪、了解翻译服务向语言服务转变这一宏观变化趋势，调整职业价值取向，缓和传统翻译价值取向和产业化之间的矛盾，对于相关学术研究而言具有积极意义。Balkan

(2004)认为,翻译专业的学生不仅需要了解当前已经存在的各种计算机辅助翻译工具,更需要了解在翻译生产中引入计算机辅助翻译工具会带来的工作效率、经济效率、工作流程以及工作环境等方面的变化,以避免所学知识与实际工作的要求相去甚远,脱离社会的实际要求。

2.2 信息技术与翻译

信息技术所引发的变革影响到翻译的各个方面。Chan(2015a)将信息技术与翻译的结合总结为过程模拟(Simulativity)、能力模仿(Emulativity)、合作支持(Collaborativity)、效率提升(Productivity)、系统控制(Controllability)、系统定制(Customizability)以及格式兼容(Compatibility)等。我们也可以从翻译主体、翻译过程以及翻译效率三个方面讨论信息技术与翻译的结合。

2.2.1 信息技术与翻译主体

信息技术与翻译结合所带来的首要变化是翻译主体的变化。基于人工智能技术的机器翻译通过能力模仿,成为新的翻译主体,与传统翻译过程中的主体——译员一起完成翻译任务。两个主体在翻译过程中所承担的角色、所处的地位不同,形成了不同的结合模式,由此衍生出多个与计算机辅助翻译相关的概念。其中主要包括机器翻译、机器辅助人工翻译和人工辅助机器翻译。这些概念既互相交叉,也相互区别。

机器翻译(Machine Translation)一般指不需要人工干预的自动翻译系统(Sager,1994:326)。欧洲机器翻译协会将其定义为"应用计算机以完成将一门语言翻译成另外一门语言的任务"①。国际机器翻译协会(International Association of Machine Translation)将这一概念定义为能够以完整句子输入并生成相应完整句子的系统。从这些定义可以看出,机器翻译的主要特征就是强调翻译的主体是计算机,而并没有译员参与翻译过程(Quah,2006)。

机器辅助人工翻译(Machine-Aided/Assisted Human Translation)一般指翻译人员应用计算机软件完成部分翻译任务的过程(Sager,1994:326)。其中使用的计算机软件可以理解为任意类型的有益于翻译活动的信息技术(Bowker,2002:6)。Quah(2006:13)给出了如图2-1所示的机器辅助人工翻译模型,并指出这一概念的核心是译员作为翻译过程的主体,在翻译过程中起主导作用。在机器辅助人工翻译中,译员运用各种类型的工具(包括拼写检查工具、电子术语列表、电子词典、术语库以及翻译记忆库等)完成翻译任务。

---

① http://www.eamt.org/mt.html.

图 2-1 机器辅助人工翻译模型

人工辅助机器翻译(Human-Aided/Assisted Machine Translation)是指计算机负责生成翻译文本,但在翻译各阶段都存在人工的介入和监督的翻译过程(Slocum,1988:5)。在这一类型中,计算机是完成翻译任务的主体,人工一般在文本准备阶段(即前处理过程)或者输出阶段(后处理过程)介入。前处理过程包括发现并处理奇特的短语结构、习惯用法或者印刷错误等,因为这些错误会导致机器翻译系统出现错误。后处理过程则包括依据某些既定的语言风格标准、用词标准等更正机器翻译文本中出现的翻译错误。

从以上三个概念的分析可以看出,人和机器两个主体在翻译过程中所承担的角色、地位不同,形成了不同的结合模式。Hutchins 和 Somers(1992,p.148)总结和分析了上述概念(见图 2-2)。从该图可以看出,人和机器作为翻译主体分别位于两个端点,分别表示人工翻译和机器翻译,如果在翻译过程中,强调人作为翻译的主体地位,则可表述为机器辅助人工翻译。相反,如果强调机器的主体地位,则可表述为人工辅助机器翻译。而无论是以人作为翻译主体还是以机器作为翻译主体,如果机器参与了翻译过程,都可以称之为计算机辅助翻译。

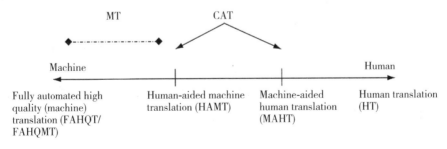

图 2-2 信息技术与翻译结合的类型

Quah(2006)还从创造力角度对上述概念进行了分析。一般而言,技术文档对语言的创造性要求相对较低,诗歌对语言的创造性要求较高。不同类型的信息化翻译模式在处理创造力方面的能力不同。如表 2-1 所示，人工翻译更适用于创造力高的文本，而技术文本则可以更多地依赖机器。

表 2-1 翻译类型与文本类型

	机器翻译		人工辅助机器翻译	机器辅助人工翻译	人工翻译
	特定领域	一般领域			
高度创造性文本	NS	NS	NS	NS	S
创造性文本	NS	NS	NS	NS	S
一般文本	NS	S	P	S	S
技术文本	S	P	S	S	S
高度技术性文本	S	NS	S	S	S

（引自 Quah，2006，p. 182，NS 表示不合适，S 表示合适，P 表示可能）

本书所讨论的计算机辅助翻译以"译员"为主体，即图 2-2 中的 CAT 部分，包含机器辅助人工翻译（Machine-Aided Human Translation）和人工辅助机器翻译（Human-Aided Machine Translation）两种类型。在这两种类型的翻译过程中都有译员作为翻译主体参与其中。在翻译活动中引入信息技术，一方面可以将翻译活动较好地嵌入语言服务的环节之中，与语言服务的其他各项运作紧密结合起来；另一方面也可以利用信息技术有效解决传统人工翻译中存在的各种问题，提高翻译服务的质量和效率。

2.2.2 信息技术与翻译过程

以翻译过程模型为基础，分析翻译过程中译员的相关能力，结合翻译技术现有发展阶段，可以达到模拟整个翻译过程的目的。在翻译理论研究中，不同学者提出了不同的翻译过程模型，有的模型只包含两个阶段，有的则包含 8 个阶段（Chan，2015a）。我们采用 Quah（2006，p. 43）给出的翻译过程模型来讨论信息技术对译员能力的模拟。如图 2-3 所示，该翻译过程模型包含了在不同阶段所获得的 4 个不同的文本处理对象，即源语言文本、预处理文本、目标语言文本和后处理文本，以及获取这些对象所实施的操作过程。其中主要的操作过程包括三个环节：预处理过程（Pre-Editing），翻译操作（TrTo）和后处理过程（Post-Editing）。

图 2-3 包含预处理和后处理的翻译过程模型

表 2-2 以 Quah 的翻译过程模型为基础，分析了不同阶段译员所担任的角色和需要完成的任务，并给出了采用信息技术模拟译员能力所需要的信息化处理工具。在翻译过程的不同环节，任务不尽相同，信息技术所模仿的功能也不一样，所要求的工具有所不同，工具的智能化程度也不尽相同。然而，应用信息技术模拟译员能力的总体目标保持不变，都是为了辅助人工翻译，提高翻译效率，减少翻译成本，提高译文质量。

表 2-2 翻译过程、信息化任务及相关工具

阶段	使用者	项目与任务	信息化工具[①]
翻译预处理	团队/个人	文本电子化处理	字处理工具，数据获取工具，本地化工具
		预翻译	机器翻译工具
		术语处理	术语抽取工具
		文本分析	语料库分析，信息抽取
	团队	任务分配与管理	翻译项目管理工具
翻译操作	团队/个人	术语管理	术语数据库管理工具
	个人	基于记忆再翻译	翻译记忆库管理工具
		拼写检查	拼写检查工具
		语法检查	语法检查工具
		资料查询	搜索引擎
	团队	质量监控	翻译质量检测工具
		进度管理	翻译项目管理工具
翻译后处理	团队/个人	排版	字处理工具，桌面排版系统
		本地化	本地化工具
		术语管理	术语库管理工具
		语料管理	语料库管理工具

翻译预处理对于保证翻译质量具有重要意义。翻译预处理阶段的任务主要有三个方面。其一，确定和获取需要翻译的文本。在信息化时代，需要翻译的文本存在于多种媒体类型之中，储存格式不尽相同。如何在文件中确定和抽取需要翻译的文本，其本身是一个极具挑战性的任务，如果不借助相关工具难以完成。其二，准备翻译过程中所需的各种知识库。知识库是协同翻译中保证术语的一致性、翻译风格的一致性的必要条件。在翻译过程中借助各种知识库进行在线检索，是保证术语一致性和翻译风格一致性的必要环节。这些在线知识库需要在翻译活动开始之前准备好。因此，在翻译预处理阶段，

[①] 表格参考 Bowker（2002, p.7），有修改。

需要抽取术语，构建术语数据库，还需要进行文本分析，以确定翻译过程中的语言风格、词汇范围。其三，利用已有翻译记忆库及相关资源，或者利用机器翻译引擎，对文本进行预翻译，可以大幅提高工作效率。值得注意的是，所谓"机器辅助人工翻译"和"人工辅助机器翻译"的区分，主要体现为这一环节中对文本进行预翻译所采取的方法。如果采取基于翻译记忆库的方法，则是"机器辅助人工翻译"，大部分的翻译工作由人工完成；如果采取机器翻译引擎的方法，则是"人工辅助机器翻译"，文本将首先通过机器翻译完成，译员的工作重心是译后编辑。

在翻译操作中运用信息技术模拟译员能力是计算机辅助翻译最重要的一个环节，其中所包含的操作类型比较复杂，所涉及的信息化工具也比较多，对信息技术的智能化要求较高。这些工具模拟了译员的多种能力，如术语数据库管理工具、翻译记忆库管理工具、搜索引擎不仅模拟了译员进行模糊搜索的能力，也模拟了译员交互、协同翻译的能力。拼写检查工具、语法检查工具、翻译质量检测工具等相关工具则是对译员语言能力的模拟。

翻译后处理也是翻译过程的重要方面，由两个重要的操作环节组成：版面设计调整与语言资源的收集整理。高质量翻译成果在发布之前，需要与相关图形媒体整合，以获得最佳信息传递效果。对于电子媒体，如网页、软件运行界面等，还需要依据人机交互的需要进行整理、审核，以保证各项功能的准确性。语言资源的收集整理是翻译后处理的另一个重要操作。该步骤是对翻译过程中所产生的相关知识库，包括术语数据库、翻译记忆库、译文等进行整理、保存，以便在未来翻译工作中得以重复应用。这些工作都可以利用各种信息化工具完成。

2.2.3 信息技术与翻译效率提升

信息技术的介入在诸多方面改变了翻译过程，促使翻译过程发生质的变化，从而使得翻译效率和翻译质量得到质的提升。

翻译过程质的变化的一种表现是协同翻译的发展。单个译员完成一个翻译项目已经不太现实，采用翻译项目形式，多人协作完成翻译任务是当前采取的主要模式（Chan, 2015a）。术语数据库管理工具、翻译记忆库管理工具、翻译项目管理平台等不仅为协同翻译中术语、文体风格的一致性提供保障，也为译员提供个性化服务，包括各种辅助工具、辅助译文、质检方案等，从而发挥不同译员的优势，使多用户协同工作的效率达到最高（叶娜等，2012）。

此外，信息技术的介入将译员从重复、枯燥的劳动中解放出来，使他们将精力集中到创造性翻译之中，从而大幅提高翻译效率。借助于术语库、翻译记忆库等数据库检索技术，原文中重复或者相近的句子不再需要重复翻译，而只需要进行选择、审核和小幅修改。现有翻译任务中，有将近90%的翻译任务来自于实用翻译领域，在这一领域中，句子的重复率往往比较高，翻译成果的重复利用可以大幅度提高翻译效率（Chan,

2015a)。利用翻译记忆库,可以使本地化的平均生产力提高 30%,并减少 15% ~30%的翻译成本(陈谊 & 范姣莲,2008)。另一方面,摆脱重复劳动的译员可以更好地发展职业能力,完成机器所不能完成的翻译工作,这从另一角度促进了翻译质量的提升。

2.3　历史与未来

2.3.1　计算机辅助翻译的历史

计算机辅助翻译的思想起源于人们对语言认识的不断深化。17 世纪,一位名叫 Johannes Becher 的德国修道士写了一本小册子(见图 2-4),在这本小册子里,他提出了一整套数学元语言框架,用以描述任何语言中句子的意义。由此计算机辅助翻译的思想得以萌芽。如果任何语言中句子的意义可以使用数学语言加以描述,那么就可以将任何语言的句子转换为数学语言,然后再由数学语言转换为另外一种语言,如此就完成了翻译过程(Freigang,2001)。此后,许多哲学家如莱布尼茨、笛卡儿,以及 John Wilkins 都对这一话题进行了讨论。第二次世界大战后,电子计算机被用于密码破解且获得成功,这一事实使得科学家们(例如 Warren Weaver)相信,翻译活动和计算机之间的关联是存在的(Somers,2003,p. 4)。到 20 世纪 50 年代,美国、苏联、英国、加拿大以及中国都开展了积极的计算机辅助翻译研究工作。

图 2-4　Johannes Becher 的小册子

1964 年,机器翻译研究遭遇到阻力。当年,美国政府决定进一步调查应用计算机进行翻译的可能性,便组织了"自动语言处理顾问委员会(Automated Language Processing Advisory Committee)",并开展了系列调查。该委员会在报告中认为,机器翻译效率缓慢、翻译不准确且成本是人工翻译的两倍。更为重要的是,报告认为机器翻译在可见的未来并没有强烈的市场需求,前景并不明朗。据此,该委员会提出了两种可行的方案:(1)将研究重心转向更具有挑战性的相关领域,如智能支持代理。(2)研究和发展能够大幅度削减翻译成本、提高翻译效率、具有较强操作性的方式。在讨论中,该委员会最终确定(2)为最佳选择(Hutchins,1996)。与此同时,该委员会建议支持计算语言学和计算机辅助翻译两个方面的研究。在这一报告后,美国及其他国家在机器翻译领域的研究活动大幅低落。研究的注意力转向计算机辅助翻译。

Chan(2015a)、Chan（2017）将1967年至2013年计算机辅助翻译发展的历史分为四个阶段：1967年至1983年为萌芽阶段；1984年至1992年为稳定增长阶段；1993年至2003年为快速增长阶段；2004年至2013年为全球化发展阶段。

在萌芽阶段，一些人工智能的开拓者，如Warren Weaver、Alan Melby、Martin Kay等相继提出了计算机辅助翻译的思想。从1984年开始，出现了一些专注于计算机辅助翻译系统的公司，如德国的Trados、瑞士的Star Group等，随后这些公司开始进入商业化运作。这一阶段所出现的计算机辅助翻译工具包括Trados开发的TED翻译者工作平台、术语管理系统MultiTerm，以及STAR AG开发的计算机辅助翻译系统Transit、IBM推出的IMB翻译管理系统（IBM Translation Manager／2）等。

在快速增长阶段，涌现出了更多的商业化计算机辅助翻译软件，如Déjà Vu、Wordfisher、SDLX、Wordfast、Yaxin CAT、Huajian等，与此同时，更多的计算机辅助翻译功能，如翻译记忆库、术语管理、翻译编辑器、文本对齐工具、机器翻译以及翻译项目管理等被嵌入计算机辅助翻译系统中，使得系统工具的功能更加完善。

到了21世纪，计算机辅助翻译进入了全球化发展阶段，更多的计算机辅助翻译工具不断涌现，同时，系统开发还出现了如下的发展趋势：(1)与微软Windows以及微软Office之间的兼容性得到进一步加强。(2)翻译工作流被整合到计算机辅助翻译系统之中。(3)更多的计算机辅助翻译系统支持基于服务器、互联网甚至云计算的应用。(4)各种文件交换标准，如切分规则交换标准(Segmentation Rules Exchange)、翻译记忆库交换标准(Translation Memory Exchange)、术语库交换标准(Term Base Exchange)以及XML本地化交换文件格式（XML Localization Interchange File Format）等相继制定。

可以看出，在过去的半个世纪里，计算机辅助翻译从起步到进入发展的快车道，计算机辅助翻译系统逐步发展成熟，已经全面地进入翻译行业，进入语言服务行业。

2.3.2　计算机辅助翻译的未来

在计算机辅助翻译的历史发展进程中，最重要的影响因素是人工智能。过程模拟、能力模拟、合作支持等都受益于人工智能的发展。未来计算机辅助翻译的发展也必然受制于人工智能相关领域的研究进展。人工智能技术发展越成熟，机器作为翻译主体在翻译过程中承担的工作份额就越多，其所替代人力部分的工作也就越多，人工参与翻译过程的时间也就越少。如果人工智能发展到一定阶段，人工智能可以与人的智能相媲美，那么计算机辅助翻译会逐渐被计算机自动翻译所替代。因此，考察计算机辅助翻译的未来，需要回答的首要问题是：人工智能有可能达到人的智能的高度吗？

关于人工智能的理论和抽象性在20世纪50年代之前就已经有所讨论。在1956年的Dartmouth会议上，科学家们提出，如果人类学习能力的各个方面及智力所表现的各种特征可以得到精确的描述并能够模拟出来，那么机器就具备了部分智力。因此人工智能研究的主要内容就是模拟人的智能行为，包括使用语言的行为和不同语言之间的翻译行为。

从经验上看,人工智能与人的智能之间还存在较大的差距。以机器翻译为例,Bowker(Bowker, 2002, p. 3)给出如下的例子:

The spirit is strong, but the flesh is weak.(心有余而力不足。)

→

The Vodka is good, but the steak is lousy.(酒还不错,可是牛排不咋的。)

很明显,机器翻译的译文与原文意义相距甚远,原文中的修辞用法(此处是借代)远远超过了当前机器能够模拟的能力范围。那么,在未来,类似于这样的问题,人工智能能够回答吗?

对上述问题的一种肯定回答是图灵测试(Turing Test)。Alan Turing 被称为计算机科学之父,他在 1950 年的论文《计算机器与智能》("Computing Machinery and Intelligence")中提出用图灵测试作为机器智能测试的一种基本方法。如图 2-5 所示,测试中包含三个对象,其中 B 和 C 是人,A 是机器。三个对象分别处于三个不同房间,C 是提问者,A 和 B 要回答 C 提出的问题。在实验中,C 提问的方式、A 和 B 回答问题的方式都是通过书面形式进行。如果 C 不能

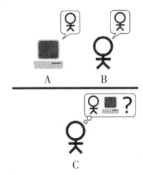

图 2-5　图灵测试图示(引自 Saygin, 2000)

判断哪一个回答来自机器(即 A),哪一个回答来自人(即 B),那么机器即被认为是具有人工智能的。在图灵测试提出之后,研究者们已经发明了一些人机对话系统,有的人机对话系统能够接近人的谈话。

然而也有学者认为机器智能是永远不可能达到人的智能水平的。如 Searle 提出"中国屋理论(Chinese Room)"。中国屋理论假设存在一种程序,它通过了图灵测试,表现出一般性的人的智能行为,并进一步假设这一程序可以使用中文进行流利对话。在上述假设基础上进行如下实验:假设一个智能人单独处在一个房间内,他不会中文,但被告知如何依据问题对卡片进行排序以给出正确的中文回答。从表象看来,这个屋子里有一个能够使用中文的智能人。然而,我们会问这样一个问题:这个人他理解中文吗?更准确的问题是,这个人是否与一个真正理解中文的人一样?懂中文的人在使用中文时会在大脑中产生一些相关状态。而这个屋里的中文智能人不会。因此,答案是否定的。由此,Searle 推断,即便一个程序能够流利地使用语言,也仍然不能具备与人相同的智能。

可以看出,学者们对人工智能前景的判断仍然不能取得一致。在这种情况下,机器是否能完全替代人类完成翻译任务这一问题自然也是不确定的。Chan(2017)总结认为:

> *It is true that machine translation between kindred languages may be, on the whole, acceptable, but it should not be denied that automatic translation between non-kindred lan-*

guages is still far from satisfactory. That accounts partly for the birth of computer-aided translation as a more reliable way to produce quality translation… Looking into the future，*it is likely that we will rely heavily or even entirely on machine translation. Before then*，*there might be a period of transition in which computer-aided（human）translation will move to human-aided（computer）translation before we reach the stage of fully automatic machine translation.*

2.4　计算机辅助翻译研究框架

从 20 世纪 90 年代开始，计算机辅助翻译发展已经有二十多年的历史，相关研究在全球 30 多个国家都有开展，存在近 100 个不同类型的计算机辅助翻译系统，为全球 6000 多家翻译公司、超过 200000 人使用，基于以上事实，Chan（2017）提出如图 2-6 所示的计算机辅助翻译研究框架。

图 2-6　计算机辅助翻译研究框架（翻译自 Chan，2017，p.247）

计算机辅助翻译研究划分为三个子领域：理论研究、实用研究和应用研究。理论研究部分从语言媒介、语言本体、计算科学以及应用目标四个角度研究计算机辅助翻译。从语言媒介角度，可分为面向文本的计算机辅助翻译和面向语音的计算机辅助翻译；从语言本体角度，可讨论语言对、歧义、语法、受控语言、相似性、可译性以及音译等与计算机辅助翻译相关的问题；从计算科学角度，可讨论人工智能、评测、编程技术等与计算机辅助翻译的关联性；从应用目标角度，可讨论计算机辅助翻译中的能产性和可重用性等问题。

在实用研究子领域中，可以从系统开发角度，讨论计算机辅助翻译在特定子语域中的应用，在线、线下等不同类型的计算机辅助翻译系统的设计和开发，计算机辅助翻译中的交互性；从系统辅助功能角度，存在语料对齐、语段切分、翻译记忆库以及术语管理等问题；从翻译过程角度，可讨论计算机辅助翻译过程中的语料输入、语料标注、语料检索、译前/译后编辑、译后审查，以及项目管理等问题。

在应用研究子领域，可讨论计算机辅助翻译与词典学之间的关系、计算机辅助翻译在翻译职业教育和译员培训中作用和地位，以及计算机辅助翻译对翻译业和翻译市场的影响等。

思 考 题

1.采用传统翻译方式开展翻译活动时，是否存在一些无法解决的问题？这些问题能够运用信息技术解决吗？

2.信息技术在翻译行业具有哪些潜在的价值？

3.随着人工智能的发展，机器翻译技术也在不断发展，那么计算机辅助翻译技术还有存在的价值吗？为什么？

第三章　文档格式处理的自动化

> 文档格式处理自动化的核心区分为翻译文件中的可译字串和不可译字串。应用计算机辅助翻译工具可实现翻译文档格式处理的自动化。

3.1　文档格式与翻译

　　当今社会，计算机和互联网高度普及，书面语言作为信息载体，一般不会独立存在，而是与图片、视频及其他信息载体同时出现。为使各种信息载体在版面上布局美观、便于阅读，往往需要排版，对输入的文字材料、图片、视频等进行处理，然后按照一定的格式表现出来。

　　例如，图 3-1 是使用 Microsoft Word 进行排版所获得的版面布局效果。该版面中包含文字、图片以及横线。除标题外，文字按照三栏的形式排列，其中插入了图片。要完成如图 3-1 所示的版面布局，需要完成如下步骤：(1)输入文字。(2)设置页面格式(A4、A3 等，纸张方向)。(3)分栏处理。(4)插入页眉、页脚。(5)设置标题和文本的字号、字体、颜色。(6)插入图片。(7)边框装饰，设置水印、颜色等。其他格式的文件，如 PDF 文件、HTML 文件、PowerPoint 文件等，虽然所使用的编辑软件并不一样，但版面设置一

图 3-1　Microsoft Word 排版示例

般都需要经过复杂的步骤。

在大部分翻译工作中，译员关注的焦点是文字以及文字的翻译，而不是版面设置。在翻译过程中，有些文档编辑软件，如 Microsoft Word、PowerPoint 等，提供了文档编辑功能，因而可以直接删除原文，然后将译文添加到特定位置，即可保存原有格式。而另外一些格式的文档，如 PDF 文档、XML 文档、CHM 文档或者 HTML 文档，用于编辑的软件要么为只读形式，其中的文字无法编辑，要么文档内容结构复杂，如果不具备相关知识，很容易在删除和修改操作中破坏文档原有的逻辑结构，从而使得文件不能正常打开。在翻译这些文档时，我们需要一种辅助工具，其基本功能是从不同格式的文件中将需要翻译的内容抽取出来，在翻译完成之后能够替换原文，而格式保持不变。我们将这一类辅助工具称为文档格式自动化工具。理解这类辅助工具的原理、学习这类工具的使用是本章的主要内容。

3.2　文档格式自动化的原理

3.2.1　可译字串与不可译字串

文档格式自动化与信息在电脑中的存储方式相关。为此，需首先理解文件格式和排版格式这两个概念。

文档是以文件格式存在于计算机存储设备(如磁盘)中。所谓文件格式，是指电脑为了存储信息而使用的对信息的特殊编码方式，用于识别内部储存的资料。常见的文件格式类型常常通过后缀名的方式标识，如 DOC 为 Microsoft Word 文本格式、JPEG 为图片格式等。不同的文件格式被设计用于存储特殊的数据，如 JPEG 文件格式用于存储静态的图像，GIF 可以存储静态图像和简单动画，Quicktime 格式可以存储多种不同的媒体类型。此外，还有一些简单的文件格式，如 Text 文件一般仅存储简单的没有格式的 ASCII 编码或 Unicode 编码的文本，HTML 可以存储带有格式的文本，PDF 可以存储内容丰富的、图文并茂的文本。当使用一个软件读取某一文件时，软件需按照一定的结构形式依次读取相关信息。如果文件结构遭到破坏，文件将无法正确打开。因理，同一种文件格式，用不同的程序处理可能产生截然不同的结果。例如 Word 文件，用 Microsoft Word 查看时，文本内容具有可理解性，但如果使用其他文字处理软件(如 Notepad++)，所显示的则是一堆乱码，因为这些软件不知道 Word 文件的文件格式。

文档的排版格式不同于文件格式。文档的排版格式是各种信息载体按照一定的形式排列并呈现出来的方式。在计算机中，文档的版面呈现格式是通过一套特定的用于描述版面排版要求的符号体系规定的。早先这套符号体系被称为"排版语言"(周世生 & 董明达，1991)，当这套体系面向输出设备时，被称为页面描述语言(Page Description Language)(钟云飞 & 唐少炎，2005)，利用这套语言，可以描述打印或照排的版面，规定版面中各种载体的位置、形状、尺寸大小、颜色等。其中最流行的排版语言是 PostScript 语言。PostScript 拥有大量的、可以任意组合使用的图形算符，可以对文字、几何图形和外部输入的图形进行描述和处理，因此从理论上说可以描述任意复杂的版面。其设计之成功使得该语言被许多厂家所采用而广泛流行，最终成为事实上的国际标准。常见的 PDF（Portable Document Format）一方面采用了 PostScript 的子集作为版面呈现的形式，以便有效地共享、观看和打印文档，另一方面还提供了一套字体嵌入/替换机制（以方便自带字库）和一个结构化的存储体系，将文本、图片等按照一定的结构储存起来。

除了 PostScript 语言之外，许多程序语言也会提供用于标识版面格式的符号体系，如 HTML。HTML 的全称是 HyperText Markup Language，主要用来制作用于 Web 浏览器的网页。HTML 使用标签（tags）标识和描述网页中的文字、链接、图片，以及声音和视频的呈现格式。例如，采用图 3-2 所示的 HTML 代码①，可以得到图 3-3 所示的网页。

```
<!DOCTYPE html><html lang="cn">
<head><meta charset="UTF-8"><title>HTML5 代码演示</title>
<script type="text/javascript" src="js/jquery.min.js"></script>
<script type="text/javascript" src="js/drawTree.js"></script>
<style type="text/css">
p    {text-align:left;}      h2{position:relative;   left:40px;   top:10px;}   div.media
{margin-left:auto;   margin-right:auto;}    table{width:1024;   margin-left:auto;
margin-right:auto;} nav{text-align:center;} td{padding-left:20px; padding-right:20px}
body {background-color:#8080c0;} a {padding-left:20px; padding-right:20px;}
</style></head>
<body>
<h1 style="text-align:center">HTML 代码演示</h1>
<nav><div>
        <a href="https://www.baidu.com/">百度</a>
        <a href="https://https://www.sina.com.cn/">新浪</a>
        <a href="https://www.w3school.com.cn">互联网技术学校</a>
</div></nav><hr>
<article>
<table><tr><td>
        <h2>音频播放实例</h2>
        <p>  </p><p>  </p><p>  </p><p>  </p>
        <p>曲名：夜空中最亮的星</p>
        <div class="media"><audio src="brightest_star.mp3" controls="controls">您的浏览器不支持 audio 标签。</audio> </div></td>
        <td>
        <h2>视频播放实例</h2>
        <div class="media"><video src="bear.ogg" controls="controls">您的浏览器不支持 audio 标签。</video></td></tr>
        <tr><td>
        <div><h2>文本实例</h2>
        <p>  </p><p>  </p><p>  </p>
        <p>讲真话是演说家的美德。——柏拉图</p>
        <p>智者说话，是因为他们有话要说；愚者说话，则是因为他们想说。——柏拉图</p></div></td>
        <td> <h2>图片演示实例</h2>
        <div><p><img src="pic_3.jpg" height="200" width="300"> </p>
        <p>爱丁堡的秋天</p>
        </div></td></tr>
        <tr><td col="2">
        <div id="draw">
        <h2>Javascript 动画实例</h2>
        <script type="text/javascript">$('#draw').drawTree();</script>
        </div></td></tr></table></article></body></html>
```

图 3-2　HTML 版式控制代码

---

① Javascript 中的"drawTree.js"由网名为"wbding"的程序员提供，特致谢忱。

在图 3-2 的 HTML 代码中，可以看到诸如 <h1>和</h1>、<h2>和</h2>、<p>和</p> 等成对出现的标签。这些标签是 HTML 中用于控制显示格式的代码。如标签<h1>表示 "headline type 1"，定义一种文字的显示形式。位于开始标签 <h1> 和结束标签 </h1> 之间的文字"HTML 代码演示"，会按照 <h1> 所规定的形式呈现如来（如图 3-3 所示），其字体大于<h2>（即 headline type 2）或者<p>（即 paragraph）等定义的显示形式。改变这些标签，标签内文字的显示格式也随之发生变化。从图 3-3 可以看出，不同的标签定义了不同类型的文字显示形式。

图 3-3　HTML 版式显示示例

图 3-2 中的 HTML 代码也提供了区分"可译字串"和"不可译字串"的样例。所谓可译字串，是指在文件中所包含的需要翻译成目标语言的源语言文字。图 3-2 中的可译字串包括"HTML5 代码演示""爱丁堡的秋天""讲真话是演说家的美德。——柏拉图"等。这些字串也就是图 3-3 所显示的文字。从信息交流和传递的角度看，图 3-3 所显示的文字，包括大小标题，对音频、视频、图片以及动画中的说明和按钮的名称，也正是语言交际过程中使用的文字，这些都可以归属为可译字串，是需要翻译的文字。

不可译字串是指在文件中所包含的用于版式控制、交互流程控制或变量的描述性语言符号，或者程序语言代码。这些符号并不是需要翻译的源语言的组成部分，而是用于实现计算机行为控制（包括显示方式控制），不仅不需要进行翻译，而且不能进行修改和改变，否则计算机的行为就会发生改变。在图 3-2 的 HTML 代码中，处于<script>和</script>之间、<style>和</style>之间的文字为不可译字串。另外，其他没有在图 3-3 中显示出来的文字都是不可译文字。

视频 3-1("可译字串和不可译字串的区分")进一步解释了如何在 HTML 中区分可译字串和不可译字串。

3.2.2 文件格式的自动化

文件格式的自动化处理，就是运用计算机辅助翻译软件对目标文件进行分析，将文件中所包含的可译字串和不可译字串区分开来，并将其中的可译字串抽取出来，呈现给译员，由译员完成从源语言到目标语言的转换，获取译文，然后使用译文替换目标文件中的原文（如图 3-4 所示）。由于文件格式并没有发生改变，文档的排版格式也不会发生改变。

图 3-4 版面格式自动化原理

在计算机辅助翻译软件中，完成上述可译字串抽取功能的是文件格式分析引擎。目标文件的格式复杂多样，计算机辅助翻译工具一般依据后缀名确定目标文件的类型，并依据文件类型调用相应的文件格式分析引擎。在文件打开后，格式分析引擎从读入的数据流中判断哪些是可译字串，哪些是不可译字串。对于可译字串，引擎需将该字串抽取出来，并记录字串的位置。被抽取出来的字串被译成目标语言后，按照所记录的位置替换掉原有的可译字串。

对于文件格式公开的文件类型，包括文本格式的文件，其读取和写入遵循其格式规范即可。如果文件格式不公开，其读取相对困难，或者不可能。因此，不同计算机辅助翻译软件所支持的文件格式不尽相同。一个计算机辅助翻译软件所包含的文件格式分析引擎是有限的,不可能支持所有的文件格式,也不能抽取出所有文件中的可译文字。此外,即便是可支持的文件格式,也会由于文件版本的变化、文件格式中结构歧义的存在,其所抽取出来的可译字串出现错误或不完整现象。

在运用计算机辅助翻译软件对目标文件进行翻译时,还需要明确该软件对不同文档格式中可译字串的定义和范围。文档中字串的类型比较复杂,例如,Word 文档中除了正常的文字外,还可能包含隐藏文字、注析、脚注、页眉、页脚、页码等。如果需要将这些字串抽取出来,就应该在抽取时通过设置将它们包含在可译字串范围之内。

3.3 SDL Trados Studio 与版面格式自动化

一般的计算机辅助翻译软件都会支持从一种或多种文件格式中抽取可译字串。本节以 SDL Trados Studio 2015 为例介绍计算机辅助翻译软件在版面格式自动化中的应用。SDL Trados 是当前全球范围内最流行的计算机辅助翻译软件之一。据称,全球有 20 多万用户、全球 500 强企业有超过 90% 的公司都使用 SDL Trados 完成日常的本地化翻译工作。

使用 SDL Trados Studio 2015 完成版面格式自动化的流程如图 3-5 所示:

图 3-5 SDL Trados Studio 2015 版面格式自动化流程图

版面格式自动化包含四项操作步骤,其中三项操作,即可译字串抽取、呈现以及源语言字串替换都是由计算机辅助翻译工具自动完成。

3.3.1 软件格式支持类型

一种计算机辅助翻译工具的格式支持类型,是指该软件所具有的特定文件格式的分析引擎类型。不同计算机辅助翻译工具所支持的软件格式类型不完全一样。

在 SDL Trados Studio 中,不可译字串被称为"不需要查看或编辑的元数据"。SDL Trados Studio 2015 所支持的主要文件格式类型参见附录 I,详细信息可以参考该软件帮助文档中的"文件类型"部分。附录 I 中分别给出了所支持的文件类型的名称、用以判断文件类型的后缀名等信息。后缀名是判断文件类型的重要依据。例如，如果一个文件的后缀名为 DOC，则可以判断该文件为 Microsoft Word 文件或 Trados Translator's Workbench 文件。这两种文件类型都得到 SDL Trados Studio 支持，可以通过直接打开方式将其中的可译字串抽取出来。

3.3.2 翻译单个文档

使用 SDL Trados 翻译单个文档，完成可译字串抽取和呈现这两个步骤的流程如下：
(1) 从功能区选择"文件 > 打开 > 翻译单个文档"。此时会显示"打开文档"对话框。
(2) 选择要翻译的文档并单击"打开"。此时会显示"打开文档"对话框。
(3) 在对话框中设置相应的源语言和目标语言。
(4) 单击"确定"。SDL Trados 即打开并分析要翻译的文档，将其中的可译字串抽取出来，并打开编辑器窗口以供翻译。
视频 3-2("运用 SDL Trados 翻译单个文档")演示了整个翻译流程。

3.3.3 可译字串抽取

对于可支持的文件类型，计算机辅助翻译工具一般提供两个功能：(1) 依据文件后缀名确定文件类型，并自动从文件中抽取可译字串；(2) 对于翻译工具所支持的文件类型，提供交互界面以便用户自主确定可译字串所包含的范围。

虽然计算机辅助翻译工具可以自动识别文件类型、自动抽取可译字串，然而在实际的翻译任务中，待翻译文档中可译字串的类型比较复杂，有些是必须翻译的，有些是可以翻译、也可以不翻译的，另外一些则是不能翻译的。以 Microsoft Word 为例。如图 3-6 所示，在该 Word 文档中，第一行"华中科技大学外国语学院"为超链接文本，第二行为包含批注的文本，第四行为隐藏文本。在文本可译字串抽取过程中，上述类型的文本是否需要翻译应依据具体的翻译任务确定。因此，计算机辅助翻译工具除了提供自动可译字串抽取之外，还需要针对不同的文件类型，为用户提供灵活的抽取控制交互界面。

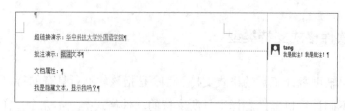

图 3-6　Microsoft Word 文本类型演示

SDL Trados 为支持的文件格式提供了灵活的可译字串抽取控制交互界面。仍然以

Microsoft Word 为例。假定待翻译文本类型为 Microsoft Word 2013 版编辑文件。在打开多个文档进行翻译的流程中,在"打开文档"对话框内(见图 3-7),单击"高级…"按钮,打开"项目设置"对话框,转换到"文件类型> Microsoft Word 2007-2016>常规",即可看到如图 3-8 所示的"项目设置"对话框。依据翻译任务的具体要求设置是否需要提取隐藏文本、超链接以及备注等。SDL Trados Studio 2015 也提供了其他所支持的文件格式类型的精细控制,具体可参阅相关帮助文件。

图 3-7 "打开文档"对话框

图 3-8 "项目设置"对话框

3.3.4 不可译字串的显示与处理

在实际翻译过程中，不能将所有的不可译字串都隐藏起来。在某些情境下，特别是当句子内部存在内嵌的格式时，需要显示相关的格式字串，以便在翻译时正确处理这些格式字串。试观察图 3-9 所示的网页视图，该视图中"To be or not to be, that is the question"为句中斜体部分，"HUST"是一个链接，在格式上为蓝色，且有下画线标识。图 3-10 为图 3-9 网页的源代码。可以看出，斜体部分位于标签 <i> 和 </i> 之间，链接位于 <a> 和 </a> 之间。两个句子的翻译如例 3-1 所示。可以看出，位于两个特殊格式中的字串在句子中的位置需要在翻译时进行相应处理。

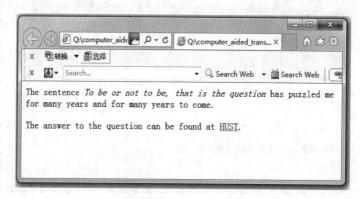

图 3-9　特殊格式句子网页示例

```
<html><body>
<p> The sentence <i>To be or not to be, that is the question</i> has puzzled me for many years and for many years to come. </p>
        <p>The answer to the question can be found at <a href="..."> HUST</a>. </p>
```

图 3-10　特殊格式句子网页源代码

例 3-1

多年来，"是存在还是毁灭，这就是问题"这个句子一直困扰着我。在未来很长的岁月里，它仍然是我的困惑。这一问题的答案可以在 HUST 找到。

在 SDL Trados 中，上述用于标识格式的符号称为标签（tag）。不同文件中的标签并不相同，SDL Trados 将这些标签区分为行内标签（inline tags）和结构标签（structure tags），翻译编辑界面不显示结构标签，而仅显示行内标签。上述"<i>"等标签即行内标签。依据标签内的文字在翻译编辑窗口呈现的多少，行内标签的呈现形式可区分为三种类型：完全呈现形式、部分呈现形式和不呈现形式，如图3-11所示。用户可以依据翻译要求确定呈现形式。

（a）不呈现形式

（b）部分呈现形式

（c）完全呈现形式

图3-11 行内标签的三种呈现形式

在翻译过程中，应注意保持行内标签的完整性。为此，需注意两个方面。首先，在翻译时应充分理解不同行内标签所表达的意义。如例3-1中标签 <i> 用于控制字体的呈现形式，标签 <a> 表示超链接。然后依据标签意义从原文中复制这些标签，并将相关译文嵌入开始标签和结束标签之间。其次，在翻译过程中插入或者复制标签时，应注意标签是否得到完整复制，这对于成对出现的标签尤为重要。如上文中的标签 <a> 与 </a> 分别为标识链接的开始标签和结束标签，在复制或者插入标签时，应确认两个标签都已完整使用。如果译员具备一些标记语言（如 XML、HTML）的基本知识，能够理解标记语言的意义，将有利于提高翻译过程的准确性。

视频3-3（"翻译编辑框中标签及其演示"）演示了标签的显示方式以及翻译处理方法。

3.3.5 源语言替换

在编辑器窗口完成原文的翻译、校对之后，源语言字串的替换是由 SDL Trados 完成的。其操作步骤如下：

（1）选择"文件>译文另存为"。
（2）生成文件所在的位置默认为源文档和双语文档所在的位置，根据需要修改保存位置和文档保存名称。
（3）单击"保存"。

SDL Trados 在保存译文的过程中，使用译文替换原有文件中的原文，并保持格式不变化。

1. 文档格式自动化的基本原理是什么？
2. 不可译字串有哪些类型？在翻译过程中主要需要注意哪些方面？

第四章　术语管理与翻译

> 术语数据库是保证翻译一致性、提高译文可读性的重要手段。本章讨论了翻译过程中术语管理的几个问题：如何确认术语、如何进行术语抽取、如何构建术语数据库，以及如何在翻译过程中管理和应用术语数据库。

术语是人们的科学知识在自然语言中的结晶，在科学技术现代化过程中具有非常重要的地位(冯志伟，2011，p.6)。术语的重要性体现在很多方面，在计算机技术的发展与应用中，如果没有统一和规范化的术语，计算机技术在处理语言文字时会困难重重；在生产、对外贸易等经济活动中，术语内涵的不一致会造成严重的经济损失；随着社会发展，信息不断增量，知识不断更新，网络不断发展，相应的网络翻译、检索软件、搜索引擎、文本分类、信息提出、知识挖掘等信息处理的需求越来越迫切，术语成为语言信息处理的核心和瓶颈问题（张普，2010）。术语也反映了人们科学研究的成果，术语名称、含义的演变反映了科学思想的发展过程。例如，在物理学中，曾认为"热"是一种物质，因而有了"热质说"这一术语。其后，法国科学家卡诺(N. L. Sadi Carnot)否定了"热质说"，抛弃了"热质说"这一术语和定义，提出"热"是一种物理运动形式，得出了关于"能量守恒"原理的最早论述。从"热质说"到"能量守恒"是科学思想的发展，反映到术语中，就是术语的更替。

在信息化、全球化时代，术语工作与翻译工作也密不可分（刘涌泉，2010）。我国在早期物理学名词的翻译过程中，由于在翻译过程中没有遵循统一的规则，不同的译者在翻译时常有"混名之弊"，即便遵循这些规则，翻译定名中可以减少一些困难和混乱，仍然难以完全避免这一问题(王冰，2010)。如"物理学"一词，明末清初就有"格物""穷理""格致""费西加"等不同译法，译名的混乱由此可见一斑。

有统计表明，在传统翻译过程中，大多缺乏术语管理环节。国内语言服务企业中，只有6%的公司部署了专门的术语管理工具，43%的公司使用Excel等表格文件进行术语管理(王华树，2013)，显然这不能满足术语管理的要求。翻译企业中术语管理的缺乏是由翻译活动的自身特点决定的。传统翻译中译员面临各种类型的翻译任务。这些翻译任务所涉及的篇幅长短不一，有短小的相互不存在关联的收据清单，也有长篇的书本，且译员在翻译时并不具备相关的背景知识。在完成这些任务时，译员一般采取"临时术语管理"策略（Wright & Wright①, 1997, p. 147）。在这一策略中，术语管理过程如下：

(1) 在语境信息不充分情况下确定术语。
(2) 创建术语列表。
(3) 如果时间允许，记录术语使用语境。
(4) 如果时间允许，利用已有术语构建概念系统。

由于这些翻译任务往往需要在短时间完成，译员在后两个环节上的时间往往难以保证，从而使得术语的详细信息丢失，术语管理凌乱。

从翻译服务的视角来看，翻译内容越多，参与的人员越多，术语不一致的情况就越严重，对翻译一致性的需求就越迫切。朱耘婵(2016)对由三名译员采用传统翻译过程完成的一本环境学专著的译文进行了分析。该专著中出现次数超过 1 次的术语共有 43 个，对译文的检查发现，其中 18 个术语的译文不同，不一致比例达到 41.9%。这一现象与译员的专业知识背景密切相关。不同专业背景是造成术语不一致的原因之一；同一专业、不同学校也会导致术语使用的不一致。术语的不同翻译也与译员的语言习惯相关，如"household production"就有"家庭生产"和"住户生产"两个译文版本。

可以看出，一方面，术语在语言应用和科学发展中具有重要地位，术语的规范性和统一性是科学发展的要求，也是信息时代的要求；另一方面，在传统翻译过程中存在多种因素导致术语使用的不一致现象，提高术语使用的一致性是提高翻译服务质量的关键环节之一。王华树、张政(2014)讨论了翻译项目管理的四个阶段中术语管理工作的具体内容(见表 4-1)。翻译项目所涉及的主体包括客户、项目管理人员、工程技术人员以及译员，各个主体在启动阶段、计划阶段、实施阶段以及收尾阶段分别承担了不同的工作。在翻译项目管理过程中，术语管理本身也是一个复杂的系统工程，本书主要讲述术语抽取、术语数据库的构建、术语库在翻译实施过程中的应用、术语数据库的备份等技术基础，而不涉及相关管理工作。

表 4-1　翻译项目管理中的术语管理工作（引自王华树 & 张政，2014）

阶段 部门	启动阶段	计划阶段	实施阶段	收尾阶段
翻译客户	✓响应 LSP 的术语咨询 ✓确定术语管理提案	✓确定 LSP 的术语	✓确定新术语	✓确定新术语 ✓术语库更新和备份
项目管理	✓确定客户术语需求 ✓估算术语管理成本 ✓制定术语管理提案 ✓同客户沟通和确定	✓编写术语管理指南 ✓制定术语管理进度 ✓项目中术语设置 ✓术语资源分配和共享	✓术语质量控制 ✓问题术语处理	✓术语资源更新 ✓打包发送客户确认 ✓术语资源备份

---

① 这里指的是 Wright, S. E. 和 Wright, L. D.，后同。

续表

阶段 部门	启动阶段	计划阶段	实施阶段	收尾阶段
工程技术		✓确定术语管理指南 ✓术语提取参数设置 ✓提取源语言术语列表	✓术语系统配置 ✓术语技术支持	
语言翻译		✓翻译提取术语列表 ✓翻译多语术语列表 ✓SME 审核和确定	✓术语库设置 ✓术语识别和插入 ✓新术语讨论 ✓术语 Query 提交 ✓译后术语验证	

4.1 术语的确认

在翻译过程中处理好术语的前提是术语的确认。本节从术语的定义和术语的表现形式两个角度讨论术语确认的方法。明确术语的定义和类型是收集整理术语、构建术语数据库、实施术语管理、保证术语翻译一致性的首要环节。

4.1.1 术语的定义

我国的国家标准 GB/T 10112《术语工作·原则和方法》定义术语为"专业领域中概念的语言指称"。在国家标准 GB/T 15237，1—2000《术语工作 词汇 第一部分：理论与应用》中，术语的定义为："在特定专业领域中一般概念的词语指称。"郑述谱（2005）引用塔塔里诺夫和列依奇两位术语研究人员的评论认为，不应该为"术语"这一"事物"下定义，而应该从"研究对象"的角度定义"术语"。术语涉及"作为符号的术语表达式""作为认知工具的概念"，以及"某一特定知识领域"等多个方面。术语并不是单纯的符号，它还反映了概念以及概念在人的头脑中的存在。在认知过程中，术语一方面会对已经获取的认识起到确定与巩固的作用，另一方面也常常会成为新的思想或者新的理论的生长点。

为此，本书按照"语义三角"理论（Ogden, Richards, Malinowski, Crookshank & Postgate, 1923）表述术语、概念以及所指之间的关系，如图 4-1 所示，三者之间的互动关系所体现出来的特征，也就是术语所体现出的本质特征，包括术语的专业性、系统性、单一性、科学性等。

图 4-1　术语的语义三角

术语的专业性是指术语所表达的概念是特定知识或学科领域中的概念，是专门用途语言（language for specific purpose）的组成部分。术语的专业性是术语的最本质特征（冯志伟，2011，p. 33）。术语语义三角中的"所指"是受限的，包括生产技术、科学文艺以及社会生活等专门领域，但不包含下棋、跳舞、唱歌、饮食、服装、休闲等日常生活，与这些领域中的所指相区分（张普，2010）。如法律术语中存在"无辜（innocent）"与"有罪（guilty）"这两个术语。在法律文本中，"无辜"与"有罪"是指某人在经过一系列法律程序之后进行的宣判。而日常生活中这两个词的所指严谨性并不需要一系列程序。

术语的系统性是指语义三角中术语的形式、术语所表达的概念以及术语的所指不是独立的，而应该放到特定学科的概念体系中去规定，术语的理解也应该置于特定学科的概念体系之中。以"台式计算机"和"笔记本电脑"为例，对这两个术语表达的概念以及它们的所指理解都应以计算机科学中有关计算机的相关概念、所指为基础，不仅要明确它们与显示器、CPU、主板等组成部件之间的关系，还应该区分与其他类型计算机之间的关系。由此可见，术语在本质上是概念系统的一部分，术语所表达的概念区分是对系统中不同概念的区分。

术语的单一性是指术语与概念、所指在特定学科领域内的对应关系具有唯一性。一个术语所表达的概念以及所指在一个特定学科领域是唯一的，不存在同一术语表达多个概念或者所指的现象。因此，在学科确定的情况下，术语语义三角中，术语与所指之间的指示具有唯一性，而不存在歧义。值得注意的是，同一术语在不同的学科领域可能表达多个不同的概念和所指。例如，"运动"一词，在政治、哲学、物理和体育四个领域指向不同的概念，因而不再具备单义性特征（张普，2010）。

术语的科学性是指术语所表达的概念的内涵具有准确的描述，语义三角中所指的范围具有确定性。例如，在计算机科学中，"台式计算机"与"笔记本电脑"两个术语分别定义了两种不同类型的计算机类型，"台式计算机"的一种定义是"一种独立、相分离的计算机，主机、显示器等设备一般都是相对独立，需放置在电脑桌或者专门的工作台上"，而"笔记本电脑"可以定义为"小型、可携带的个人电脑，提供了键盘、触控板等定位和输入功能"。与此同时,"台式计算机"与"笔记本电脑"的所指范围也是明确的,不仅两者存在区分,也与其他类型的计算机,如服务器、工作台、掌上电脑、平板电脑等相区分。

依据上述分析,术语的确认大致可采取如下步骤:(1)确定具体的学科领域,如计算机科学、物理学、哲学等。(2)判断表达式在特定学科领域中的专业性、系统性、单一性和科学性特征,如果满足上述所有特征和多个特征,则可以认定为术语。

4.1.2 术语的表现形式

术语在语言形式上被称为表达式。然而术语的语言表现形式不仅包括单个的词语,还包括多词表达、搭配、格式文本、缩略词等(Wright & Budin, 1997, p.14)。本部分分析了可以表示术语的不同类型的语言表达形式。

4.1.2.1 单词型术语

由单个词语构成的术语很多。如上文中提到的"台式计算机""笔记本电脑"等都是计算机科学中的术语。单词型术语一般具有能产性,可以通过构词法或者词组构成的方法,派生出新的术语(冯志伟,2011, p.38)。如"电脑"通过构词法可以构成"台式电脑""手提电脑""嵌入式电脑"等。

4.1.2.2 多词型术语

由多个词语组成的术语称为多词型术语,如例4-1、例4-2、例4-3、例4-4中的"北京人民大会堂""国家科学技术奖励大会""labor-rights organization"等都构成多词型术语。多词型术语在构成法和语义等方面具有与一般性词组所不同的特征。在词语构成方面,这些短语虽然也由两个或两个以上的词语序列构成,但是词语之间的先后秩序是相对固定的(Moirón, 2005);在句法结构上,构成多词型术语的各个词语之间的句法关系的透明性减弱(Calzolari, Fillmore, Grishman, Ide & Lenci, 2002),词语作为构成单位的句法行为与这些词语独立使用时所表现的句法功能并不完全一致。更为重要的是,在语义上这些短语具有不透明性,其整体意义并不能够通过分析其中各个词语的意义获得,而是表现出较强的规约性(Conventionality)。词语结构固定、句法透明性减弱、语义规约是多词型术语的显著特征(Sag, Baldwin, Bond, Copestake & Flickinger, 2002)。以术语"国家科学技术奖励大会"为例,可以看到整个短语作为一个整体,指向一个特定事件。如果分别考虑其中的五个词语,即"国家""科学""技术""奖励"和"大会",考虑各个词语的组合,并不能直接获得该短语的语义所指。

例 4-1

[中共中央]n、[国务院]n 2月14日在[北京人民大会堂]n举行2011年度[国家科学技术奖励大会]n,[国家领导人]n[胡锦涛]n、[温家宝]n、[李长春]n、[李克强]

n 等出席大会。

例 4-2

［青藏高原］n［地质理论］n 创新与［找矿］n 重大突破 获［国家科技进步奖］n 特等奖。

例 4-3

An independent [labor-rights organization] that Apple joined [last month] said Monday that it began its [inspections of the working conditions] at Apple [suppliers' factories] in China.

例 4-4

The [FLA's team] will also inspect [manufacturing areas], dormitories and other facilities. The organization plans to begin publishing its findings [early next month] on its website：http://www.fairlabor.org/.

4.1.2.3 多词表达式

如果严格区分专业领域应用，多词型术语可以被认为是多词表达式的一种形式。Wright 等（1997）区分了多词型术语（Multi-Word Terms）、集合型短语（Set Phrase）、搭配、标准化文本、术语缩略形式等，这些都是多词表达式的不同形式。表 4-2 给出了多词表达式的类型及示例。多词表达式具有多词型术语的所有特征：结构相对固定、句法关系不透明、语义规约化程度较高。在语言应用中多词表达式占有十分重要的地位。这一点在传统语言学中还没有被充分认识到（Jackendoff, 1997, p. 156）。Jackendoff 认为多词表达式在个人词汇中的数量应该与单个词汇的数量基本相当。此外，Sag 等（2002）对 WordNet 1.7（Fellbaum, 1999）进行统计后发现，其中 41% 的条目都是多词表达式。我们随机抽取了一篇中文短文和一篇英文短文进行统计，发现中文短文中有 400 个词，其中包含 84 个多词表达式。如果假定每个多词表达式的长度为 1.5，那么短文中就有近 30% 的词构成了多词表达式。而在英文短文中，有 221 个词，其中包含 33 个多词表达式，如果采用同样的长度计算，该短文中的多词表达式占据近 22.3%。因此，如果在翻译过程中，这些多词表达式已经存储在相应的数据库中，那么翻译的效率会得到较大幅度的提高。也正是基于这一点，Austermuhl（2006, p. 102）建议，把翻译作为职业生涯的人应该尽早开始有意识地在生活和翻译工作中收集和整理相关多词表达知识库。这些知识库构成个人百科知识词典的一部分，在相应的场合发挥作用。

表 4-2 多词表达式的类型

类型	小 类	示 例
句法层面的搭配异常	（syntactically）ill-formed collocations	at all, by and large
	cranberry collocations idiosyncratic lexical component— one or more words found only in that collocation	in retrospect, kith and kin（亲友）

续表

类型	小类	示例
语用程式	defective collocations: idiosyncratic meaning component	in effect, foot the bill
	phraseological collocations	semi-productive constructions, occurring in paradigms (in/into/out of action, on show/display)
	simple formulae/sayings compositional strings with a special discourse function	alive and well; A horse, a horse, my kingdom for a horse!①
	metaphorical/literal proverbs	you can't have your cake and eat it; enough is enough
	similes	as good as gold
行业术语		
语义程式	transparent metaphors	behind someone's back, pack one's bags
	semi-transparent metaphors	on an even keel(平衡的), pecking order(长幼强弱次序)
	opaque metaphors	bite the bullet, kick the bucket
高频搭配	semantic collocations, co-occurrence preferences/priming effects	jam with FOOD
	lexico-semantic collocations	
	collocation paradigms	(rancid butter/fat, face the truth/facts/problem)
	syntactic collocations: fully-productive phraseological collocations	(too... to...)
命名实体	包括地名、机构名、人名等专有名称	

4.2 自动术语抽取

术语抽取是一项复杂而困难的工作,如果只靠人工进行抽取,不仅费时耗力,而且需要一定的语言学知识以及相关的专业领域背景。在大型翻译项目运作过程中,还可采

---

① 这个表达式出自如下故事:在 Bosworth Field 战场上,Lord Stanley(其也是 Richmond 的继父)和他的追随者背弃了 Richard。Richard 号召斩杀 George Stanley(Lord Stanley 的儿子)。然而,事情发展出乎 Richard 意料。战争在继续,Richard 处于劣势。不久,在战争白热化时,Richard 落马。他大呼:"A horse, a horse, my kingdom for a horse!"随后,Richmond 与 Richard 决斗,Richmond 杀死了 Richard,继承了王位,被称为 Henry VII,并娶约克的 Elizabeth 公主为妻。(译自维基百科)

取另一个操作，即自动术语抽取（Automatic Term Extraction）。自动术语抽取也可称为自动术语识别，是指运用相关信息技术从语料中自动识别、抽取术语的过程。术语抽取依赖于各种语言知识库，也依赖于自然语言处理技术。一套自动、高效和高可移植性的术语抽取方法对于术语翻译具有十分重要的意义。

图 4-2 给出了典型的术语抽取流程图。用于术语抽取的输入一般为待翻译文档，此外，也可使用某一领域的语料库，或者平行语料库。预处理过程包括复杂预处理和简单预处理两种类型。复杂预处理包括确定句子边界、词性标注、句法分析、语料对齐等。简单预处理仅包括确定句子边界。术语抽取需要考虑停用词（Stop-Word）问题。术语抽取中的停用词，就是不参与构成术语的代词（如"他们""它""我们"）、连接词（如"因为""所以""和"）、副词（如"非常""很"），等等。将这些词集合起来，写入一个文件，即构成停用词表。术语抽取的关键步骤在于候选术语生成和术语识别，分别在下面的部分介绍。

图 4-2　术语抽取流程图

4.2.1　候选术语生成

不同的术语识别算法在生成候选术语的方式上不尽相同。本部分仅介绍一种简单、直接的方法。在语料预处理完成之后，可以获取一个句子列表，以句子为处理单位可生成候选术语。候选词表的生成是一个逆向扫描并逐个生成候选词的过程。对于例 4-5 中的句子，自动抽取系统从右向左扫描，假设候选术语的最短长度为 2 个汉字，最大长度为 4 个汉字，在扫描完成之后，可以获得如例 4-6 所示的候选术语列表。初步检查例 4-6 可知，例 4-6B、例 4-6D 是术语，其他不是术语。因此，需要将候选术语列表中的真实术语和伪术语区分开来，这就是术语识别需要完成的工作。

例 4-5①

它的内部结构没有导线，整体都是导电层。

例 4-6

A）电层

---

① 选自新浪网科技栏目首页（http://tech.sina.com.cn/），网页访问时间为 2015 年 11 月 25 日。

B) 导电层
C) 是导电层
D) 导电
E) 是导电
F) 都是导电
G) ……

4.2.2 术语识别原理

术语识别是自动术语抽取中最重要的环节。术语识别的方法分为四种：基于语言学知识的方法、基于统计计算的方法、基于机器学习的方法以及混合方法，周浪（2010）和袁劲松、张小明、李舟军（2015）分析了各种类型的术语识别方法。

基于语言学知识的方法主要利用术语的词形特征、词法构成模式以及语义信息等相关知识确定候选术语是否构成术语。词形特征在某些语言，如英语中比较明显。例如，英语中要求许多术语的首字母大写，如"Natural Language Processing""Term Extraction"等。词法构成模式主要应用于多词型术语的识别。术语在词语构成方面往往具有一定的模式。吴云芳等（2003）在调查信息科学和技术领域的专业术语时发现，在三词术语中高频出现的词类序列如表4-3所示。其中四种类型的构成模式占整个出现频次的34.5%，由此可知术语的构成模式具有一定规律性。基于语言学知识的方法往往要求在预处理时对语料进行词性标注和句法分析，以便运用规则识别术语。

表4-3 信息科学和技术领域术语中三词术语的构成

词类序列	出现频次	比例	实例
N+V+N	744	12.3%	工程探矿设备
V+V+N	543	9.0%	分类指导规划
N+N+N	414	6.8%	算术逻辑单元
V+N+N	389	6.4%	并行指令代码
三词术语总条目	6046		

（引自吴云芳等（2003），实例为作者所加）

根据周浪（2010）和袁劲松等（2015）的综述，国外基于语言学知识的术语抽取研究集中在20世纪90年代，具有代表性的系统包括FASTR、Termight、Termino等，而国内由于起步较晚，很少见到单纯使用语言知识进行术语抽取的研究。总体来看，基于规则的术语提取具有准确率高的特点，如1995年Lingsoft公司推出的NODALIDA-95使用结构化的方法抽取术语，在英文宇宙学技术语料中术语抽取的准确率达到95%~98%。然而该类方法的可移植性很差,不同的语言、不同的领域、不同的语料集,语言规则各不相同,需要根据具体情况制定。

基于统计计算的术语识别方法主要利用术语内部结构的稳定性和术语的领域特性两个方面的特征来识别术语。术语内部结构的稳定性,也称为单元整体性特征(Unithood)(Kageura & Umino, 1996),表现为术语内部各组成部分(即各词语)之间的关联强度。以上文中的"导电层"为例,这一术语的单元整体性特征,是指构成该术语的两个词语"导电"和"层"之间具有较强的关联度。单元之间的关联度与作为整体的术语在语料中出现的频次相关,也与术语的组成部分的频次相关。试观察例4-7所给出的一段话语①:

例 4-7

Multiword expressions are expressions consisting of two or more words that correspond to some conventional way of saying things (Manning & Schutze 1999). Due to the idiomatic nature of many of them and their high frequency of occurrence in all sorts of text, they cause problems in many Natural Language Processing (NLP) applications and are frequently responsible for their shortcomings. Efficiently recognizing multiword expressions and deciding the degree of their idiomaticity would be useful to all applications that require some degree of semantic processing, such as question-answering, summarization, parsing, language modelling and language generation. In this thesis we investigate the issues of recognizing multiword expressions, domain specific or not, and of deciding whether they are idiomatic. Moreover, we inspect the extent to which multiword expressions can contribute to a basic NLP task such as shallow parsing and ways that the basic property of multiword expressions, idiomaticity, can be employed to define a novel task for Compositional Distributional Semantics (CDS). The results show that it is possible to recognize multiword expressions and decide their compositionality in an unsupervised manner, based on co-occurrence statistics and distributional semantics. Further, multiword expressions are beneficial for other fundamental applications of Natural Language Processing either by direct integration or as an evaluation tool.

例4-7中,"multiword expression""Natural Language Processing""NLP"以及"Compositional Distributional Semantics"都是术语。其中"multiword expression""Natural Language Processing"和"NLP"的出现频次都相对较高。

表4-4给出了用于计算单元整体性的各种统计方法。值得注意的是,各种统计方法在计算关联强度时都存在相对的优势和局限性:N元频次适用于结构固定的术语;基于位置的方法则更有利于获取位置相对固定的术语表达式;在基于假设验证的方法中,T检验假设数据满足正态分布,卡方检验不适合数值很小的情况,似然比不适合统计数字大的情况,互信息不是衡量依赖性的最好方法(张文静 & 梁颖红,2008)。

---

① 节选自 Korkontzelos (2010, p. 3)。

表 4-4　单元整体性统计工具

Unithood	说　　明
N 元频次	适用于结构固定的术语
同现频率	即两个词语一起出现在一定上下文窗口内的频率
相对频率	一个语料库中表达式相对于另一语料库的频率
位置的平均值	$\bar{d} = \frac{1}{n}\sum_{i=1}^{n} d_i$，其中 d_i 为第 i 次同现时两个词之间的距离
位置变化标准差	$s = \sqrt[2]{s^2} = \sqrt{\frac{\sum_{i=1}^{n}(d_i - \bar{d})^2}{n-1}}$，其中 $\bar{d}$ 为两个词之间的平均距离，d_i 为第 i 例中两词的距离
基于假设验证的方法	其中 null hypothesis 是两个词不相关，可用 T 检验、卡方检验、似然比、点互信息等
条件概率	P = P(w1|w2)，其中 w1、w2 为构成术语的两个词语

术语的领域特性也称为术语性（Termhood），是指候选术语与某一专业领域的关联程度（Kageura & Umino, 1996）。用于计算术语性特征的方法主要有 C-Value、NC-Value、统计障碍（Statistical Barrier）等方法（Korkontzelos, 2010, p. 52）。以下仅对 C-Value 方法进行简单介绍。Maynard 和 Ananiadou（2000），以及 Frantzi、Ananiadou 和 Mima（2000）所使用的 C-Value 方法考虑了如下统计信息：

（1）候选术语在文档中出现的频率。
（2）候选术语被包含在其他术语中的频率。
（3）包含在这一术语中的其他候选术语的数量。
（4）候选术语的长度。

首先计算一个候选表达式被包含的更大的可能术语中的可能性：

$$\text{NST}(ct) = \frac{1}{P(T_{ct})} \times \sum_{b \in T_{ct}} f(b)$$

其中 T_{ct} 为包含候选术语 ct 的所有其他表达式的集合，$P(T_{ct})$ 为 T_{ct} 中的元素个数，$f(b)$ 为候选术语 b 的频次。候选术语的 C-value 可计算为：

$$\text{C-Value}(ct) = \begin{cases} \log_2(|ct|) \times [f(ct) - \text{NST}(ct)], & \text{在 ct 为内嵌候选术语时} \\ \log_2(|ct|) \times f(ct), & \text{其他情况} \end{cases}$$

其中 |ct| 为候选术语 ct 的长度。从上式可以看出，C-Value 与候选术语本身的出现频率和长度成正比，而与被包含在其他候选术语内的频率和种类成反比。

基于机器学习的术语识别方法将术语抽取任务转化为分类问题或标注问题，借助决策树、支持向量机、隐马尔科夫模型、条件随机场等机器学习方法。这类方法需借助训练语料，因而不仅受限于分类过程中的特征选择，还受限于训练语料的质量和规模。例如李丽双、党延忠、张婧和李丹（2013）在运用条件随机场抽取汽车领域中的术语时，首先从网站中爬取网页，构建语料库后，然后通过人工标注建成术语语料库，再运用条件随机场获取术语识别模型。在他们的实验中，精确率、召回率和 F-值分别为 84.61%、80.5%和 82.5%。

混合方法综合运用基于语言学知识的方法、基于统计计算的方法以及基于机器学习的方法。如 Lossio-Ventura、Jonquet、Roche 和 Teisseire（2016）首先采用模式匹配确定候选术语列表，然后采用 C-Value、TF-IDF 等统计特征对候选术语排序，接着使用基于图的算法和基于网络数据的算法进行再排序。使用混合方法进行单语术语识别能够充分利用各种语言学知识、统计特征和机器学习工具，是当前术语识别的主流方法。

4.2.3 术语抽取实验

术语抽取相关研究开展得较早，不同学者已经开发出多种术语抽取工具，其中既包括商业软件，如 SDL MultiTerm Extract，也包括共享软件，如 INTEX、ExtPhr32、Rainbow 等（见表 4-5）。不同抽取工具的界面虽然不同，但其基本原理是相似的，因此，这里仅以 Rainbow 为例，讨论术语抽取的实验操作。

表 4-5　多词表达抽取工具

工具名称	链接	说明
INTEX	http://www.nyu.edu/pages/linguistics/intex/	包含大规模词典和语法的语言开发环境
SDL Multiterm Extract	http://www.sdl.com/cxc/language/terminology-management/multiterm/extract.html	SDL 开发的专用术语抽取工具
ExtPhr32	http://publish.uwo.ca/~craven/freeware.htm	根据给定最小长度和最小出现频率抽取相关多词表达
Ngram Statistics Package	http://ngram.sourceforge.net/	基于假设验证的 N 元字串抽取，支持 Fisher's Exact Test, Log likelihood Ratio 等
Rainbow	http://www.opentag.com/okapi/wiki/index.php?title=Rainbow	跨平台计算机辅助翻译工具
哈工大语言平台	http://www.ltp-cloud.com/	综合语言处理平台

Rainbow 是一个跨平台共享软件，其中包含开展本地化所需的各种工具，如创建字符编码转换、文件格式转换、文本预翻译、文本对齐等。术语抽取是该软件的一项功能。

使用 Rainbow(2.0)进行术语抽取的具体步骤见图 4-3。

> 1. 启动 Rainbow。
> 2. 将需要处理的文档放置在主窗口中的 Input List 1。
> 3. 在 Language and EncodingTab，设置正确的语言类型和编码类型。
> 4. 从菜单栏 Utilities 中选择 Term Extraction。
> 5. 在 Term Extraction 对话框中设置相关参数。
> 6. 点击 Execute 按钮，在 Output Path 所制定的文件中即可找到处理结果。

图 4-3　使用 Rainbow 进行多词表达抽取操作流程

术语抽取结果的质量会因处理文本的特征以及抽取参数设置变化而不同。图 4-4 给出了使用 Rainbow 进行抽取时的参数设置界面。界面上给出了几种影响抽取结果的因素：术语的最小词长，术语的最大词长，术语最小出现频次，是否区分大小写，是否考虑术语嵌套，是否使用停止词，是否对术语的起始词和结束词进行限定等。依据术语抽取原理对自动抽取原理及其过程的理解，上述因素都会按照不同形式对抽取结果施加影响，因而需要针对具体情况设置具体的参数。

图 4-4　Rainbow（2.0）术语抽取参数设置界面

视频 4-1("使用 Rainbow 抽取术语演示")演示了使用 Rainbow 抽取英语术语的实验过程。视频 4-2("Rainbow 与中文文本术语抽取")演示了使用 Rainbow 抽取中文术语的实验过程。Rainbow 所支持的文件类型包括 OpenOffice、XML、HTML、MS Office 等，因此可以直接以这些文件格式作为输入文件。值得注意的是，不同语言存在不同的编码格式，因此，在确定输入文件时，需要确定输入文件的编码格式。有关文本编码的知识见第一章第一部分。

4.3 术语数据库的构建

术语数据库是在翻译过程中实现术语管理的物质基础,术语数据库的构建也贯穿了翻译项目管理的整个过程。依据表4-1所示的术语管理工作列表,在启动阶段需要明确术语数据库的需求,在计划阶段需要确定术语数据库管理的方法、术语的采集、翻译以及入库,在实施阶段需要确定和更新术语数据库,在收尾阶段需要整理、备份和更新原有数据库。从术语数据库建设这一角度看,这些术语管理工作主要涉及三个方面:(1)术语知识描述,即术语数据库中应该包含哪些术语相关信息,也就是术语领域知识的微观描述框架;(2)术语库的构建、术语更新(包括基于机器学习的新术语发现、术语释义提取、术语聚类以及基于用户协同交互的术语修改、术语增删、术语审阅等);(3)术语数据库应用模型,即术语数据库在辅助翻译过程中的应用方式、应用范围以及应用效率等。

4.3.1 术语知识微观描述框架

在术语数据库中,术语描述是否科学、准确、充分决定了术语数据库使用的范围和效率,然而做到科学、准确、充分地描述术语并非易事。早期在采用手工方法收集术语、制作术语卡片时,术语卡片所包含的信息一般包括术语本身、同义词、主题领域、日期、参考文献以及上下文信息等,但是在信息收集时具有随机性,缺乏对术语作为知识单元的系统性思考。

Wright(2001,p.584)从术语管理角度出发,认为应采用"术语自治(term autonomy)"原则确定术语的微观描述框架。所谓"术语自治",是指在组织术语数据库时以"概念"作为数据库构建的基本单位,所有与某一概念相关的术语都应包含在该概念中,术语的词形特征、定义、上下文等描述信息都可以作为特定术语的附属信息。采用术语自治方法组织术语,可以利用概念之间的关联获取术语之间的关联,满足术语的可组合原则;同一概念的不同术语形式可以共享概念层面的共有信息。

在术语自治原则下,一个术语的微观结构包括语言知识、概念知识和关联知识(宋培彦、王星 & 李俊莉,2014)。图4-5给出了术语知识的微观结构。其中语言知识给出了术语的表现形式,包括词形、语音、词性等词汇学基本信息。对于翻译而言,这部分信息非常重要,其中译文的准确性与翻译质量息息相关,应该给出规范化的描述。术语的概念由同义词、释义、范畴等部分显性揭示,术语的概念体现为词语之间的关联、术语与范畴之间关系的确定以及通过定义和知识单元对术语概念的确定。术语的知识关联包括与该术语相关的,特别是信息使用者认知能力相关的知识,如术语使用频率、参考图片、音频、视频等。

图 4-5　术语知识微观结构

(转引自宋培彦等，2014，有修改)

4.3.2　术语库的构建

简单的术语列表并不具备快速检索功能，也不便于建立术语间的关联。当术语达到一定规模之后，为便于管理，需要建立术语数据库，以避免在缺乏管理的情况下导致术语使用的混乱和使用效率的降低。术语数据库所提供的快速、准确的术语查询功能不仅应用于翻译过程，在其他相关领域，如文档写作、产品查询、产品使用帮助等方面都具有较大的应用价值。

从结构上看，术语数据库就是在计算机存储设备上，按照一定的格式存放的术语资料集合。然而对术语数据库的理解不能局限于"数据库"的概念，还应包括数据库系统所提供的数据库定义、数据库运行、数据库维护以及数据安全性、完整性等控制功能。其中最重要的是数据库所提供的索引功能。术语的索引和图书中的索引（即目录）很相似。图书中的索引是一份页码的列表，指向图书中的页号。对术语表的索引是一个记录号的列表，它指向待处理的记录，并确定了记录的处理顺序，表索引存储了一组记录指针。索引并不改变表中所存储数据的顺序，只改变读取每条记录的顺序，从而达到节省时间的目的。不同的语言需要建立不同的索引，因此，对于一个双语术语表，需要建立两个不同的索引，才能分别对其进行检索。

我们以 SDL MultiTerm 为例，讨论术语数据库的构建流程。图 4-6 给出了流程示意图，视频 4-3（"面向 MultiTerm 的术语数据库制作"）演示了术语数据库的构建流程。

图 4-6　SDL MultiTerm 术语数据库构建流程

构建术语数据库的过程主要包含两个操作：数据格式转换和索引添加。在术语抽取完成后，需首先对术语进行整理，其中主要是术语译文的添加，以获得双语术语列表。SDL MultiTerm 并不支持直接从文本文件中构建多词表达式数据库，因此需对所获取的双语术语列表文本文件进行格式转换：首先将文本文件转换为 Excel 格式的数据表，然后将 Excel 格式数据表转换为 MultiTerm 能够支持的 XML 文件，并制定相应的索引机制，最后应用 MultiTerm 从 XML 格式中构建出可供使用的多词表达数据库。

4.3.3 术语更新

对于 MultiTerm，至少有两种实现术语更新的方法。一种方法是在 MultiTerm 中直接修改、添加或者删除术语。另一种方法则是在 SDL Trados Studio 中实现术语更新（具体操作参见视频 4-4"SDL Trados Studio 中的术语更新"）。然而，翻译过程中棘手的问题并不是术语更新的技术，而是术语更新策略的制定问题，包括术语更新应该由谁发起、术语审核的流程是怎样的、如何在术语更新中保证术语使用的一致性等。在翻译项目管理中，术语更新策略是需要认真考虑的问题。

4.4 术语数据库的使用

在翻译过程中使用术语数据库的主要目的是保证术语翻译的一致性，同时，通过在线使用数据库，也可以减少译员查询术语译文的时间，提高翻译效率。计算机辅助翻译工具一般都提供了术语数据库在线使用的功能。以 SDL Trados Studio 为例，在使用 SDL MultiTerm 构建完成术语数据库之后，通过在翻译项目中引入相关术语数据库，即可在翻译过程中在线使用（请参看视频 4-5"SDL Trados Studio 中术语的加载与使用"）。

在 SDL Trados Studio 中在线使用术语数据库的一种有效方式是使用自动推荐（Auto-Suggest）功能。所谓自动推荐，就是用户在翻译编辑窗口输入译文时，系统会监控所输入的文字，并依据所键入的字母呈现一系列的词语或者短语，如果所推荐的结果与用户要输入的词语一致，就可以从列表中选择相应项，直接输入到对应的句段（如图 4-7 所示）。使用自动推荐功能需具备两个条件：（1）资源准备。（2）激活自动推荐功能。

图 4-7　自动推荐功能演示

自动推荐功能可以使用的资源包括：（1）SDL MultiTerm 2015 构建的术语知识库。（2）自动推荐词典。自动推荐词典可以在 SDL Trados Studio 中以翻译记忆库为基础构建。在构建时，首先要求翻译记忆库的规模应达到 10000 翻译单元以上。系统首先对翻译记忆库进行扫描，检查原文句段和译文句段中词语的对应关系，那些仅出现在某一个翻译单元的词语对应关系被认为是原文—译文对应关系，进而被加入到自动推荐词典。自动推荐词典文件的后缀名为"＊.bpm"。

进入"文件>AutoSuggest"可以设置是否开启自动推荐功能以及自动推荐资源的来源。当这一功能被激活时，系统会根据用户在翻译编辑窗口的输入行为自动检索相关术语，生成候选术语列表，用户可以自主选择术语译文，从而避免了频繁的查询操作。如图4-7所示，当用户输入"In"，AutoSuggest功能会自动弹出术语"Information Processing"，用户只需要按下回车键，该术语就会自动输入到当前文字中（请参看视频4-5"SDL Trados Studio中术语的加载与使用"）。

当翻译项目有多个译员参与时，术语数据库需要采用共享方式使用。术语数据库共享可以采取三种不同方式：文件交换、文件共享和服务器共享。

在网络条件不成熟，或者使用的数据库管理系统不一致情况下，通过文件交换形式共享数据库。在文件交换过程中，可以使用标准术语数据库格式（如 TermBase Exchange），以保证数据格式的可兼容性。TermBase eXchange（缩写为 TBX）基于 XML，是一种用于表征结构化的术语数据的国际标准（ISO 30042：2008），由 ISO 和本地化行业标准协会（Localization Industry Standards Association，LISA）发布，并在 2008 年成为国际标准。TBX 定义了一组术语标注语言，通过遵照这一术语标注语言，翻译人员、文档写作人员以及计算机辅助翻译工具等可以顺畅地交换术语相关的数据。然而这种方式也存在较大的局限性，如在翻译过程中如果需要添加、修改术语，则需要对整个术语数据库进行替换。

在局域网条件下，可以通过文件共享方式实现术语数据库共享。其具体模式如图4-8所示。首先由团队人员中的一人构建数据库，并将该数据库文件设置为网络共享，然后团队其他人员通过局域网调用共享术语数据库文件。在这种模式下，团队人员可以在翻译过程中更新术语数据库，其更新结果可以即时为团队所有人员使用。

图 4-8　局域网中的术语数据库共享

在局域网或者互联网条件下，如果有 MultiTerm 服务器，则可以通过服务器方式显现术语数据库共享。与文件共享形式相比较，使用 MultiTerm 服务器，在控制术语数据库修改权限方面可以更加灵活。例如，可以允许团队中一人或者多人拥有术语数据库更改权限。

4.5　术语管理策略

对应不同的术语翻译自动化水平要求，Wright 和 Wright(1997) 区分了三种不同的管理策略。在第一种策略中，译文用于出版、广告、用户产品宣传、专利等，对翻译质量有较高要求，译员在翻译过程中不仅需要理解原文中术语的意义，还需要依据具体语境确定合适的目标语言译文。由此，译员需要自主检索术语、修改术语定义、提供标注信息，同时也与其他译员、术语管理人员保持频繁沟通，而依赖于自动化的程度很低。

在第二种策略中，术语管理的目的在于为计算机辅助翻译过程提供术语译文参考。如果翻译项目满足如下情况：(1)在相近主题领域收集、整理了较大规模的平行语料(翻译语料)，(2)在相近领域收集、整理和构建了较大规模的术语数据库，(3)翻译过程中采用电子文本，运用计算机辅助软件开展翻译工作，那么，利用相关信息技术，就可以在翻译过程中为译员提供术语的译文提示，提高翻译自动化水平。

术语管理自动化的第三种策略是以术语数据库为基础，实现完全自动翻译。当需要翻译的文本数量巨大、翻译质量要求并不高时，利用术语数据库的相关信息，实现译文的自动翻译。术语数据库所包含的信息量越丰富、领域区分越明确、自动翻译的质量也就越高(Wright & Wright, 1997)。

在语言服务背景下，特别是在大型翻译和本地化项目中，往往使用第三种策略，实现完全自动的术语翻译。为此，需要构建术语数据库，采取系统化的术语管理策略。系统化术语管理具有如下特征：(1)术语管理贯穿项目始终，在项目立项或者产品开发阶段开始考虑术语的一致性问题，在项目进行过程中充分利用术语数据库，在翻译项目结束时对术语数据库进行整理。(2)保证术语数据库包含的信息丰富、全面。术语数据库中不仅应包含术语及其对应译文，还应包含术语定义、术语用法示例、图片说明等。术语数据库不仅可用于翻译辅助，也可用于写作辅助、内容检索、拼写检查、翻译质量检查等多种需求。

1.在翻译过程中，使用术语翻译工具的主要目的是什么？
2.如何判断和识别术语？
3.术语的规模可以非常庞大，那么应该如何有效地管理术语？

第五章 翻译记忆库

> 翻译记忆库是管理翻译过的语言片段的数据库系统,通过检索与匹配提供预翻译功能。利用语料对齐工具和翻译后维护可以构建翻译记忆库,记忆库中语言片段的大小以及翻译质量是影响其使用效率的主要因素。充分利用翻译记忆库可以大幅提高翻译效率。

5.1 什么是翻译记忆库

作为术语,翻译记忆库(Translation Memory,TM)的定义与一般的理解并不完全相同(Melby & Wright, 2015)。一般而言,翻译记忆库被认为是一个数据库,用于储存翻译过的语言片段,以便在未来的翻译中重复使用,提高翻译效率。然而,在计算机辅助翻译领域,翻译记忆库不仅是一个数据库,也是一个计算机辅助翻译工具(Gotti et al., 2005),其不仅储存了翻译过的语言片段,还具备管理翻译数据的能力,能够创建、储存、浏览、抽取以及处理翻译单元,是一个能够为翻译人员重复利用已有翻译成果提供各种协助的数据库管理系统。

翻译记忆库技术发展的历史,反映了人们对这一概念认识的不断深入。早在20世纪70年代,ALPAC曾提及欧洲煤炭钢铁联盟的术语署采用数据库储存翻译人员的翻译成果,并将其用于协助译员搜索语境相关的词语、打印出与待翻译句子相匹配的译文。这是最初级的翻译记忆库。

Hutchins(1998)在总结翻译记忆库发展历史时,认为有三位专家在推动翻译记忆库的应用方面发挥了重要作用:Peter Arthern、Martin Key 和 Alan Melby。Arthern(1979)较早地提出了翻译记忆库的原型概念,认为文本处理系统可以记录经过标准化处理的文字片段,因为这些片段会得到不断的重复应用。Arthern同时注意到欧洲社团学院(European Community Institutions)的许多文本经常高频率重复,一些社团文本的整篇文章都频繁被引用。他据此认为,要提高文件处理系统的效率,系统应该有足够的中央记忆存储能力,能够将处理过的信息,包括它们的翻译文本记录下来。

Key(1998)在1980年提出机器应该逐步地替代人在整个翻译流程中所完成的一些

特定任务。达到上述目标的基本思路是扩充现有的文字处理工具，让其逐步具备一些翻译的功能。其中最基本的功能就是一个多语言文字编辑器，这个文字编辑器能够自动查阅词典或者短语，能够自动提供文本片段的翻译。

　　Alan Melby 认为双语检索工具对于翻译人员而言是一个非常有用的工具。利用这样的检索工具，翻译人员可以确定在一定的上下文环境中某一个文本片段的可能译文。Melby（1982）描绘了这一工具的具体工作机制：待翻译文本和已翻译的被切分为一定单元的文本（或称为翻译片段，如果以句子为单位，则称为句段）。对于待翻译文本中的一个翻译片段 A，需要查找的目标翻译片段应该包含能够应用于 A 的翻译的目标语言片段，而不是每一个词语的翻译。采用这一机制，可实现人工翻译和机器翻译之间的高度整合，由此打造的翻译环境能够提供三个层面的辅助。在第一个层面上，如果待翻译文本不是电子文本，译员应该能够直接使用相关工具键入翻译文本，并在翻译过程中能够利用平行术语库快速查阅术语，平行术语库的形式可以是本地文件，也可以是基于网络的远程数据库。同时，译员还能查看平行语料库。在第二个层面上，如果待翻译文本是电子文本，辅助翻译环境应该能够检索工具，译员能够使用检索工具查找一些不常用的词或短语的翻译版本，辅助环境应该能够自动查找相关术语，自动给出术语的所有可能翻译，并能自动地将所选择的译文插入相关的译文文本中。第三个层面则是将译员的翻译工作平台和自动机器翻译整合起来，构建一个能够自主评估译文质量的辅助系统，译员可以依据需要对翻译结果进行整合、修改或者不予采纳。这一层面在计算强度和语言处理方面比第二个层面要复杂得多，但是其基本逻辑是相似的，不同之处在于第二个层面提供的是短语或者术语的参考译文，而第三个层面提供的则是句子的参考译文。

　　翻译记忆库后期发展最重要的课题是翻译片段的确定及其提取技术。Gotti 等（2005）依据翻译片段抽取的方式将翻译记忆库的发展分为三个阶段。第一阶段抽取译文时所采用的匹配方式是完全匹配，即只有完全匹配的翻译单位才会被抽取出来作为参考译文。第二阶段采用模糊匹配方式从翻译记忆库中抽取译文。采用模糊方式进行匹配，可以将那些仅在命名实体上存在不同的句子抽取出来。第三阶段可以在组块（Chunk）这一层面进行检索，并依据检索结果抽取相关译文，这一阶段也可称为低于句子级别的翻译记忆库。

5.2　翻译记忆库的应用模式

　　翻译记忆库的有效使用是运用计算机辅助翻译工具提高翻译效率的重要环节。总体看来，可以采用两种方式在翻译过程中应用翻译记忆库：预翻译模式和句段模式（见图 5-1）。在预翻译模式中，计算机处理的单元是待翻译文档。在完成相关设置后，计算机辅助翻译工具以翻译记忆库为基础，采取自动翻译的方法对待翻译文档进行翻译，并生成粗翻译文档，并提供给译员进行编辑、处理。在句段模式中，计算机辅助翻译工具依据待翻译的一个语言片段的相关信息,在翻译记忆库中进行检索、匹配,并对检索结果进行过滤后生成翻译提示提供给译员作为参考。

图 5-1　翻译记忆库应用模式

5.2.1　SDL Trados Studio 中的预翻译模式

以 SDL Trados Studio 2015 为例,在构建翻译项目的过程中,系统利用已有的翻译记忆库、术语库等进行"预翻译(Pre-Translate)"。这种应用模式即文档模式。系统自动在翻译记忆库中查找相似的句子,并将相关译文应用到翻译过程中。此外,用户还可以依据实际需求,通过批处理界面调整预翻译过程中的参数,以控制匹配的数量和精度。如图 5-2 所示,在新建项目过程中,用户可以对预翻译进行设置,其中最重要的参数是"最低匹配率"。这里的匹配率是指待翻译句段与翻译记忆库中的句段之间的匹配程度。最低匹配率是系统是否针对某一待翻译片段执行自动翻译的阈值。其缺省数值为 100%。如果降低这一阈值,那么在执行结果中,更多的文本将得到自动翻译的译文,但是其准确率也随之下降。具体操作过程请参看演示视频 5-1("文档模式翻译记忆库使用演示")。

图 5-2　SDL Trados Studio 预翻译参数设置

5.2.2　SDL Trados Studio 中的句段模式

在 SDL Trados Studio 中，句段模式主要应用于译员在对句段进行逐句翻译过程中。演示视频 5-2（"翻译过程中翻译记忆库使用演示"）提供了句段模式的应用演示。

在翻译记忆库加载后，当用户光标进入翻译编辑器某一个译文句段时，SDL Trados Studio 就会对相应的原文句段进行检索、匹配，如果能够找到大于或者等于系统所设置的匹配阈值，就将所找到的句对显示在对应的窗口，供用户选择、编辑和应用。类似地，SDL Trados Studio 也提供了相应的最低匹配阈值设置界面（见图 5-3）。用户可以根据具体情况设置阈值。

图 5-3　SDL Trados Studio 记忆库匹配阈值设置界面

值得注意的是，最低匹配阈值的设置将直接影响系统输出。如果阈值设置太高，翻译记忆库系统可能无法找到满足阈值的语言片段，一些可能在翻译中使用的语言片段因为阈值太高而未能检索出来。与此相反，如果阈值设置太低，系统有可能选取到大量不适合的语言片段，从而增加选择的复杂性，影响翻译效率（Bowker, 2002）。在 SDL Trados Studio 中，最低匹配率的缺省取值为 70%，可设置值范围为 30% 以上。最大命中数是记忆库搜索返回的最大匹配数。缺省设置为 5，可以设置范围为 1~50。

在罚分界面（见图 5-4），SDL Trados Studio 为控制翻译记忆库的使用提供了更多的选项设置。所谓罚分，是指待翻译句段和翻译记忆库中句段不满足共享某一特征，或者译文来源存在质量上的顾虑时，通过减少匹配度来控制搜索结果的方法。从界面可以看出，可供考虑的特征包括格式、译文来源等。一般的翻译记忆库都提供了参数调整，利用参数调整可以改变系统进行模糊匹配的方式，争取达到最佳匹配效果，最大化利用翻译记忆库。然而，不同 MT 的系统能够调整的参数可能不同，参数界面也会有所不同。

图 5-4 SDL Trados Studio 记忆库罚分界面

5.2.3 匹配率计算

在预翻译模式和句段模式中，都提到了最低匹配率的概念。最低匹配率是指待翻译句段和翻译记忆库中句段之间的匹配程度（或称为相似度）。因此，有必要初步确定匹配率的计算方式。为此，我们对基于实例的机器翻译（EBMT）技术做一简单介绍。虽然 EBMT 与翻译记忆库不一定属于同一技术范畴，但两者之间存在着紧密关联，很多应用于 EBMT 的技术可以应用于翻译记忆库（Somers, 1999），因为两者的基本技术路线是一致的，都是在保存已有的翻译文本语料的基础上，通过匹配方法进行重复利用。

我们以 Li 等（2006）为例来解释句子相似度的计算方法，该研究提出了基于语义和词序的相似度计算方法。在 Achananuparp 等（2008）所进行的 14 种句子相似度算法评比中，Li 等（2006）具有一定的优势。

计算句子间的相似度，需考虑两个方面：语义层面的相似度 S_s 和词序层面的相似度 S_r。给定两个句子 T_1、T_2，它们的相似度的计算方法为：

$$S(T_1, T_2) = \delta S_s + (1-\delta) S_r = \delta \frac{s_1 \cdot s_2}{\| s_1 \| \cdot \| s_2 \|} + (1-\delta) \frac{\| r_1 - r_2 \|}{\| r_1 + r_2 \|} \quad (1)$$

为计算语义层面相似度 S_s，首先获取集合 $T = T_1 \cup T_2$。利用 T 可构建 T_1 和 T_2 的语义向量 s_1 和 s_2，然后计算两个向量之间的 cosine 相似度。

以 T_1 为例，计算 T_1 的语义向量 s_1 时考虑了 T_1 和 T 之间共有或者相似的词语以及这些词语在语料库中的概率，具体计算方法见公式（2）。首先，

$$s_1 = \check{s} \cdot I(w_i) \cdot I(\check{w}_i) \quad (2)$$

通过比较 T_1 和 T 获得长度为 $|T|$ 的向量 $\check{s}$。其构建方法为：考察 T 中的 w_i，如果 w_i 出现在 T_1，那么 $\check{s}_i$ 为 1，否则，在 T_1 中寻找与 w_i 具有最大相似度 ζ 的词语 $\check{w}_i$，如果两者

的相似度大于一定阈值，则使 $\check{s}_i = \zeta$，否则 $\check{s}_i$ 为 0。其次，获取词语 w_i 和 $\check{w}_i$ 在语料库中的概率 $I(w_i)$、$I(\check{w}_i)$。考虑词频的原因是研究发现高频词包含的信息量少，而低频词包含的信息量大，将词语概率信息包含在语义相似度计算中，以改变不同词语的权重。

除语义相似度外，式(1)还考察词语层面的相似度 S_r。S_r 的计算以 T_1 和 T_2 的词序向量 r_1 和 r_2 为基础。词序向量也是以词语集合 T 为基础。以 T_1 为例，通过如下方法计算 r_1：逐个考察 T 中的词语 w_i，如果在 T_1 中找到，在向量 r_1 记录下其在 T_1 中的序号，否则，在 T_1 中寻找与 w_i 最相似词语 $\check{w}_i$，如果 w_i 与 $\check{w}_i$ 之间的相似度超过一定阈值，记录下 $\check{w}_i$ 在 T_1 中的序号。否则，该位置记为 0。由此可获取 r_1。

图 5-5 给出了采用 Li 等（2006）的算法计算句子相似度的示例。为计算图中 T_1 和 T_2 之间的相似度，首先获取 T。假定 fox 与 dog 的语义相似度为 0.8，fox 与 bees 的语义相似度为 0.1，lazy 与 diligent 之间的相似度为 0.9，则可以计算 $\check{s}_1$ 和 $\check{s}_2$。如果能从语料库中获取各词在语料库中的概率，即可计算出语义相似度 S_s。类似地，采用 T 获取词序向量 r_1 和 r_2，进而计算出词序相似度，从而计算出两个句子的相似度。

```
T1: A Quick brown dog jumps over the lazy fox.
T2: A quick brown fox jumps over the diligent bees. diligent
T:  {a  quick  brown  dog  jumps   over  the  lazy  fox.          bees}
š₁ = [1    1      1     1     1      1    1    1   0.9     0.1  ]
š₂ = [1    1      1    0.8    1      1   0.9   1    1       1   ]
```

图 5-5　句子相似度计算示例

从 Li 等（2006）的句子相似度算法可以看出，在匹配过程中，会考虑到多种特征，包括句子中所包含的词汇相似性、句子的长度、标点符号、词语出现的顺序等。

5.3　翻译记忆库的构建

5.3.1　语料对齐算法

翻译记忆库在本质上是一种平行语料库，其中源语言与目标语言在某一语言层次上存在一一对应关系。因此，构建翻译记忆库的关键技术是语料对齐（alignment）。所谓语料对齐，就是将源语言中的语言片段（G_s）与目标语言中的语言片段（G_t）对应起来，其对应的依据是 G_s 与 G_t 之间存在语义或者语用功能上的对应关系。如例 5-1 中 G_s 与 G_t 是一个句对，两者互为译文。值得注意的是，具有对齐关系的语言片段可以是句子，可以是短语，也可以是词。Brian Harris 提出了对齐语篇(bitext)的概念。所谓对齐语篇，就是在译者头脑中存在的源语言片段以及其所对应的译文片段。对齐语篇可以是句子，也可以是小于句子的单位，如小句(clause)(Melby, Lommel & Vázquez, 2015)。因此，语料对齐可以是句子对齐，也可以是短语对齐，或者词对齐。本章主要讨论句子对齐问题，短语对齐、词对齐可以参阅 Ahrenberg (2015)。自然语言处理领域已提出多种基于概率的平行文本句子对齐算法(Torres-Ramos & Garay-Quezada, 2015)。以下简要介绍其中有代表性的算法。

例 5-1

G_s：全球经济复苏艰难曲折，主要经济体走势分化。

G_t：The road to global economic recovery has been rough, with many ups and downs, and the performance of the major economies has been divergent.

5.3.1.1 基于长度的句子对齐算法

Gale 和 Church (1991)所提出的基于长度的句子对齐算法是早期广泛使用的对齐算法之一。该算法基于如下观察：源语言中的长句在翻译过程中往往需要较多的译文字符；相反，源语言中较短的句子需要较少的译文字符。给定长度为 l_1 的源语言文本 t_1 和长度为 l_2 的目标语言文本 t_2，两者在长度上的差距 δ 符合正态分布，即公式(3)。其中 c, s^2 分别为源语言中的字符所对应的目标语言字符数的均值和方差。上述两个常量可以通过数据分析获取。Gale 和 Church (1991)依据对英语、法语、德语的分析分别设置为 $c = 1, s^2 = 6.8$。如果考虑英语、汉语之间的对齐，其数值应进一步修改。

$$\delta = \frac{(l_2 - l_1 c)}{\sqrt{l_1 s^2}} \qquad (3)$$

在给定 δ 时，一种句子匹配方式 match 的距离可表示为条件概率：

$$D(t_1, t_2) = -\log Prob(match \mid \delta)$$

依据贝叶斯公式，其中 $Prob(match \mid \delta)$ 的计算方式为：

$$Prob(match \mid \delta) = Prob(match) \times Prob(\delta \mid match)$$
$$= Prob(match) \times 2 \times (1 - Prob(\mid \delta \mid))$$

也就是说，获取给定 δ 时匹配模式 match 的条件概率由两个因素决定。其一是 match 自身的先验概率。Gale 和 Church (1991)依据数据计算的四种匹配模式的先验概率如表 5-1 所示。其二是条件概率 $Prob(\delta \mid match)$。Gale 和 Church (1991)将其定义为：

$$Prob(\delta \mid match) = 2(1 - P(\mid \delta \mid))$$

其中 $P(\mid \delta \mid)$ 是一个均值为 0 的标准状态分布的累积分布函数。

表 5-1 四种匹配模式的先验概率

匹配类型	频次	$Prob(match)$
1-1	1167	0.89
1-0 或 0-1	13	0.0099
2-1 或 1-2	117	0.089
2-2	15	0.011
	1312	1.00

那么，给定如图 5-6 所示的原文和译文。假定两者的一种匹配模式为（<a1>，<b1，b2>），（<a2>，<b3>），则可以分别计算 D(<a1>，<b1，b2>) 和 D(<a2>，<b3>)，进而获取该匹配模式的距离总值。类似地，也可获取另一种匹配模式（<a1>，<b1>），（<a2>，<b2，b3>）以及所有其他可能匹配模式的距离总值，比较并选取其中距离总值最小的匹配模式作为最佳匹配模式。

> （a1）Those who benefit most from the status quo are naturally the least interested in change, and they find allies in the fearful and the authoritarian.
> （a2）Conformity always includes a threat of punishment if you fail to fit in, whether it comes from ridicule, being shunned by others, or direct attack.
> （b1） 受益于现状最多的人自然最不希望改变现状。
> （b2） 他们与胆小者、当权者结成联盟。
> （b3）) 如果你不愿随波逐流，他们为了维护现状，就会对你实施威胁和惩罚，就会嘲笑、孤立甚至直接攻击。

图 5-6 匹配模式实例

5.3.1.2 基于语言知识的对齐算法

基于语言知识的对齐算法不同于基于长度的对齐算法。参与语料对齐的一般是两个文本：源语言文本 S 和目标语言文本 T，文本 T 是文本 S 的翻译。文本 S 包含 m 个句子，T 包含 n 个句子，即：

$S = <s_1, s_2, \cdots, s_m>$

$T = <t_1, t_2, \cdots, t_n>$

经过句子对齐处理，可以获得句对列表 $A = <a_1, a_2, \cdots, a_f>$，其中 a_i 称为一个句对，$a_i = <s^i, t^i>$，且 a_i 需满足如下要求：$|s^i| = 1$ 或者 $|t^i| = 1$，即在一个句对中，至少源语言或者目标语言只包含一个句子。

采用概率方法进行句子对齐的基本原理是寻找源语言和目标语言之间存在的对应特征，并使得所获取的对齐结果中目标语言文本和源语言文本之间的对应关系最大化（王

斌，1999）。给定源语言文本 S 和源语言文本 T 的条件下，可以构建多个对齐结果 A，其中能够使条件概率 $Prob(A|S,T)$ 最大的那种对齐结果，即被认为是正确的对齐模型。这一想法的概率模型可以表述为：

$$\hat{A} = \underset{A}{\arg\max}\, Prob(A|S,T) \tag{7}$$

应用这一概率模型的过程中，需回答两个问题，其一是如何计算 $Prob(A|S,T)$，其二是如何在巨大的搜索空间中有效地搜索出最大的概率值对应的对齐。第二个问题是算法问题，与本书关联性不大，我们主要关注第一个问题。

为计算 $Prob(A|S,T)$，我们先做出一系列假设：

假设（1）：$P(A|S,T) \approx \prod_{i=1}^{f} Prob(s^i \Leftrightarrow t^i | S, T)$

假设（2）：$P(A|S,T) \approx \prod_{i=1}^{f} Prob(s^i \Leftrightarrow t^i | s^i, t^i)$

假设（3）：$P(s^i \Leftrightarrow s^t | s^i, s^t) \approx P(s^i \Leftrightarrow s^t | \lambda_1(s^i), \lambda_1(s^t), \cdots, \lambda_k(s^i), \lambda_k(s^t))$

假设（1）假定 $Prob(A|S,T)$ 的概率计算是在源语言文本 S 和目标语言文本 T 条件下所有句对概率 $Prob(s^i \Leftrightarrow t^i | S, T)$ 的乘积。这一假设条件仍然考虑了 s^i 和 t^i 的上下文对于句对概率的影响。假设（2）则进一步取消了在对齐过程中句子顺序以及上下文的影响，仅考虑当前 s^i 和 t^i 之间的对应概率。假设（3）进一步认为 s^i 和 t^i 之间的对应概率是由有限的共享特征"$\lambda_i(s^i)$，$\lambda_i(s^t)$"决定的，且不同特征的权重不同，如例 5-1 中汉语的"经济体"与英语中的"economies"之间的对应可以构成有效共享特征"$\lambda_i(经济体)$，$\lambda_i(economies)$"，因为两者互为翻译。由此，$Prob(A|S,T)$ 的计算可以最终归结为每个双语片段在有限个属性特征下的条件概率计算。其中对双语片段中对齐属性的选择是影响对齐正确性效果的关键因素。

那么，在双语片段中，哪些属性决定了两个语言片段的对齐程度呢？可供选择的属性很多，常用的有长度、词汇信息、文本格式等。

基于长度信息进行句子对齐是基于这样的观察：在实际存在的大量翻译文本中，我们常常发现原文句子和其对应译文句子的长度之间存在一定的关系。具体而言，较长的原文句子一般趋向于翻译成较长的译文句子，而较短的原文句子则一般趋向于翻译成较短的译文句子。这种现象也可以用信息论解释：一般来说，同一语言中较长的句子通常比较短的句子携带更多的信息量，因此它常常通过携带较多信息量的较长的译文句子来表达，这样才能基本保证翻译过程中意义的完整性。基于这种考虑，在句子对齐过程中可以通过原文和译文中句子长度的比较匹配来获得原文中句子与译文中句子互为翻译的概率。

基于词汇信息的句子对齐是以词典中提供的大量词汇翻译信息为基础计算对齐片段的概率。词汇信息可以包含多种类型，如：（1）数字的对应性；（2）标点符号的对应性；（3）词语对译；（4）特殊词表（机构名称、称呼、日期）等。在翻译过程中一般会严格要求上述信息在文中的对应关系。因此，包含这些对应关系的句子更有可能构成对应关系。

5.3.2 语料对齐工具及其使用

由于平行语料库在计算机辅助翻译和自动翻译方面是基础,而采用人工方法对齐双语语料极为费时、低效,当前已开发应用的双语语料对齐工具非常多,各种工具在算法、功能方面各有不同。(王华树 & 王少爽,2017)依据对齐工具的功能形态区分了嵌入型对齐工具、独立型对齐工具、在线对齐工具以及开源对齐工具等类型。表 5-2 举例说明了几种代表性的对齐工具。

表 5-2 双语对齐工具类型及举例

类型	举例	说明
嵌入型	SDL Trados WinAlign、Déjà Vu Alignment、雪人 CAT 的对齐模块、MemoQ ActiveTM 模块	此类工具集成在 CAT 软件之中,是其中的一个功能模块,如 WinAlign 集成在 SDL Trados Studio 2011 和 SDL Translator's Workbench 2007 之中,是句子级别的对齐工具
独立型	ParaConc、ABBYY Aligner、Bilingual Sentence Aligner、Tmxmall Aligner	此类工具作为软件独立存在,没有嵌入到特定 CAT 软件之中
在线工具	Wordfast Online Aligner、Tmxmall 在线对齐、YouAlign	此类工具是互联网应用的一种形式,用户上传数据,对齐运算在服务器端进行
开源工具	Bitextor、Bleualign、Europarl sentence aligner	此类工具的源代码面向公众开放,并由志愿者维护,以便快速定制、开发和应用

本章以 WinAlign 为例介绍句子对齐工具的使用。使用 WinAlign 完成句子对齐的基本步骤如图 5-7 所示,请同时参看演示视频 5-3 ("使用 WinAlign 创建平行语料库",包含三个小视频):

图 5-7 WinAlign 完成句子对齐流程图

（1）依据 WinAlign 所支持的文件格式类型，准备源语言文档和目标语言文档，以及断句规则。

（2）依据对需要对齐的语料特征的观察以及语料对齐原理，对文档相关参数、对齐特征以及导出格式等程序运行参数进行设置。

（3）运行 WinAlign，对输入文档进行自动对齐。

（4）对输出结果进行审查、编辑、保存。

（5）导出处理结果。

流程中两个主要的操作是断句规则设置和对齐特征设置。WinAlign 为各种语言提供了默认的断句规则。对于英语而言，WinAlign 将句号、感叹号、问号、制表符以及冒号作为句子边界，并提供了相应界面，对默认断句规则进行修改。值得注意的是，断句规则的设定决定了对齐后翻译记忆库在应用时的断句规则。对齐特征设置是影响自动对齐质量的主要环节。如图 5-8 所示，WinAlign 给出了 4 个可供调整的对齐特征：标记、数字、特定字符以及格式。标记特征是指在一些格式的文档（如 HTML）中所包含的格式标记。通过使用标记显著性滑动条可以增加或者减少标记在对齐过程中的权重。如果需要对应的文档中包含大量的相互对应的标记，增加标记的权重有利于提高对齐的精度。

图 5-8　WinAlign 对齐特征调整界面

特定字符特征（英文为 Expectations）是指包括数字、首字母缩略词（如 CPU）等在科技文献中对应性较强的字串，这些字串在对齐过程中可以起到锚点（Anchor Point）的功能。因此，在处理科技文献时，可以相应提高这类特征的权重。

格式特征是指原文和译文中的文本排版格式。WinAlign 倾向于将具有相同排版格式的文本关联起来。例如，具有相同的"强调格式（Bold Formatting）"的原文片段和译文片段会影响对齐结果。如果原文和译文在文本排版格式上一致性很高，增加格式特征的权重也有利于提高对齐精度。此外，因为数字在翻译时一般需保持不变，因此在处理包含数字比较多的文档时，可依据具体情况提高数字的显著度。

此外，使用双语术语表也是提高对齐精度的一种方式。双语术语表应该放置在一个文本文件中，文本中一行包括一个源语言和目标语言术语对，其中用制表符相隔。通过调整滑动条可以调整术语在对齐过程中的权重。

值得注意的是，不同语料对齐工具在对齐算法、锚点使用以及对齐语段单位大小等方面存在差异，各对齐工具也处在积极的开发和版本更新之中。

5.3.3 语段边界划分与翻译单位

5.3.3.1 翻译单位

前文讨论了语段的单位可以是句子，也可以是短语。在翻译记忆库的使用过程中，语段匹配是使用效果的核心。因此，为提高翻译记忆库的有效应用，需仔细考察语段这一翻译记忆库的基本单位。

从理论上讲，作为翻译记忆库的基本单位，语段也应该是翻译的基本单位（Translation Unit）。那么，翻译的基本单位应该是哪一层次的语言单位呢？罗选民（1992）区分了翻译过程中的"分析单位"和"转换单位"，并提出将小句作为翻译的转换单位。彭长江（2005）则作了更为详细的区分，他认为翻译单位是一个上位概念，应指翻译活动中所涉及的任何言语单位。如按照分析、转换、重构三个步骤，可以将翻译单位区分为分析单位、转换单位和重构单位。对于翻译记忆库而言，所涉及的主要是翻译的转换单位。作为翻译转换单位，在源语言和目标语言中，都应是相对于语境独立的最小单位，如此才能保证翻译片段的复用频度（苏明阳 & 丁山，2009）。

一个语言单位如果能够在源语言和目标语言中相对于语境独立，那么这一单位将具有较大的可重复性，且译文需要编辑的工作量能够达到最小。试观察例5-2，假定原文中的储存形式有两种类型。可以看出，如果将例5-2-2A"在先秦的历史中，我们的祖先创造了光辉灿烂的历史文明"作为储存单位，那么目标句与例5-2-2A具有较高的匹配度，在搜索匹配过程中得到重复使用的可能性增加，且需要修改的部分较少。相反，如果采用例5-2-1为储存形式，目标语言与例5-2-1之间的匹配率大幅降低，被检索和使用的可能性下降。

例5-2
记忆库中原文储存形式
（1）在先秦的历史中，我们的祖先创造了光辉灿烂的历史文明，这一时期的孔子、孟子和其他诸子百家，开创了中国历史上第一次文化学术的繁荣。
（2）A）在先秦的历史中，我们的祖先创造了光辉灿烂的历史文明，
　　　B）这一时期的孔子、孟子和其他诸子百家，开创了中国历史上第一次文化学术的繁荣。

目标句
在长达1800多年的历史中，中国的祖先创造了光辉灿烂的历史文明。

此外，翻译片段不仅应独立于语境，还应该在语义上相对完整，是能够独立使用的最小单位。再次考虑例 5-2 中原文储存形式，其中的"先秦的历史""光辉灿烂的历史文明"都可以独立于语境存在，可以作为多词表达形式存在，然而两者在语义上都不够完整，如果作为翻译记忆库中的储存单位，将大幅增加语料库规模，增加翻译的操作步骤。罗选民(1992)论述了小句作为翻译转换单位，一方面具有相对的语境独立性，另一方面在语义上相对完整，采用小句作为翻译转换单位，有其可行性。然而，由于小句缺乏形式特征，在大规模平行语料库中建立基于小句的对齐关系仍然是一个棘手的课题。

5.3.3.2 句子边界

由于自然语言中句子是基本的应用单位，且形式特征较为明显，故许多翻译记忆库都以句子作为语段的基本单位。然而，即便是句子边界的自动判断也并非易事(Bowker，2002:94)。在英语中，并不是所有的句子都会以".?!"作为句子结尾。事实上还存在多种因素，如：

(1)标题(章节标题、图标标题)。
(2)列表内容。
(3)直接引语。

另一方面，以".?!"结尾的并不都是句子结尾，如：

(1)Abbreviations such as Mr., Dr., etc.
(2)省略号。
(3)序号。

中文也存在类似的问题。由此，如何判断句子结尾本身就是一个值得探索和研究的问题。在自然语言处理中，这个问题被称为"句子边界判断(Sentence Boundary Detection)。一种简单的基于规则的句子边界判断规则①可以规定如下：

> 顺序读取字串，如果该字串字符为句号，考虑如下的可能操作：
> (1) 如果之前的字串确定为缩略词，则不判断为句子结尾；
> (2) 如果下一个字串首字母大写，则判断为句子结尾；
> (3) 其他情况判断为句子结尾。

这种方法虽然简单，但是在英文中可以达到95%的准确率。除上述方法之外，也可以应用各种机器学习方法。例如，NLTK 使用了 Punkt Sentence Tokenizer 作为句子边界判断。代码演示如下：

---

① Shttps://en.wikipedia.org/wiki/Sentence_boundary_disambiguation.

```
>>> import nltk.data
>>> text = "Punkt knows that the periods in Mr. Smith and Johann S.
Back do not mark sentence boundaries. And sometimes sentences can start
with non-capitalized words."
>>> sent_detect = nltk.data.load("tokenizers/punkt/english.pickle")
>>> print "\n  \n".join( sent_detector.tokenize(text) )
```

在 SDL Trados Studio 2015 中构建翻译项目时，如需修改源语言语段切分规则，则需要借助翻译记忆库（如果使用了多个翻译记忆库，则选择第一个翻译记忆库），通过修改翻译记忆库的语段边界划分规则达到目的。在 SDL Trados Studio 中，每一个翻译记忆库的"语言属性"都携带了句子边界划分规则。边界划分规则由一系列正则表达式构成。这些表达式规定了构成句子边界的字串特征。图 5-9 是 SDL Trados Studio 中默认的英语断句规则集合中的一个规则。该规则给出了"句号"的断句规则。断句规则包括分隔符前和分割符后两个部分，分割符前（包括分隔符）的表达式为"\.+[\p{Pe} \p{Pf} \p(Ogden et al.)"-[\u002c…"，表示在分隔符（句点.）之后还有结束括号"\p{Pe}"，或者一个结束引号"\p{Pf}"，或者不是问号、破折号、结束括号，以及下画线的标点符号"\p(Ogden et al.)"，而不能是逗号"\u002c"、冒号"\u003A"等，分割符后为"\s"，即空白字符。

图 5-9　SDL Trados Studio 断句规则示例

这一断句规则可以准确划分以下的句子：

例 5-3

（A）... for the change of association strength in language change（Hilpert，2007）.

（B）"Take it."

（C）(Please use a searching engine for the purpose.)

除上述规则外，SDL Trados Studio 中默认的英语规则还有针对问号（？）和感叹号（！）的断句规则。系统在断句时，这些规则按顺序依次执行。SDL Trados Studio 也为其他语言(如中文)提供了默认的断句规则。用户也可以依据具体文本需求,修改或者添加新的断句规则。添加的断句规则应包含两个部分:分割符前表达式和分割符后表达式,两个表达式都是多词表达式。

演示视频 5-4("SDL Trados Studio 中记忆库断句规则的设置")演示了在 SDL Trados Studio 2015 中修改断句规则的过程。

通过设置断句规则,可以改变翻译项目中句段切分的结果,进而改变在翻译记忆库中匹配的结果。由此,在设置断句规则时,需尽量保持翻译记忆库和待翻译文本在断句规则方面的一致性,从而在语段抽取时获得最高的匹配率。这也要求在使用 WinAlign 时所设置的断句规则应与在使用 SDL Trados Studio 时的断句规则保持一致。

5.4　翻译记忆库的组织与维护

翻译记忆库的组织与维护也是影响其有效使用的因素。在翻译记忆库的组织与维护中,需要处理好翻译记忆库的规模与领域一致性、提取速度,以及提取质量之间的关系。一般而言,翻译记忆库的规模越大,其潜在应用价值也就越高。然而,当记忆库的规模增大时,在翻译记忆库的组织与维护方面也需要更多的关注。

从宏观上讲,翻译记忆库的组织与维护应遵循一致性原则。用于组织和管理翻译记忆库的维度很多,可以按照专业领域进行管理,也可按照客户对象进行管理,或者按照翻译内容进行管理。然而,无论是采用哪一个维度进行管理,都应尽量保证同一翻译记忆库中翻译内容在术语应用、翻译风格等方面的一致性。这样才能在翻译时依据具体语境要求提供高质量的译文,减少编辑时间。因此,这要求分散管理翻译记忆库,以便有针对性地选择和应用翻译记忆库。

然而,一致性原则也可能造成翻译记忆库过于分散,因此往往需要考虑翻译记忆库的合并。使用合并后的规模较大的翻译记忆库,可以获取更多的匹配结果,但同时也可能与一致性原则产生冲突,降低翻译记忆库提取的质量,增加翻译过程中的操作。例如 Walker (2014b:26)举例说明微软公司和苹果公司对于"Folder"一词在不同版本中其对应的波兰语翻译会存在不同。因此,如果将所有的相关翻译记忆库保存在同一文件中,可能会引起混乱。与此同时,翻译记忆库的规模越大,进行搜索所需的时间越长,如果搜索时间过长,其应用效率将受到影响。

一致性管理原则和记忆库合并之间的矛盾并不是不可调和的。采用翻译记忆库管理系统中"同时加载多个翻译记忆库"可以实现动态合并(Walker,2014a:25)。例如,在应用 SDL Trados Studio 进行翻译时,可以同时加载多个翻译记忆库。应用这一机制,一方面可以保证单个翻译记忆库在翻译方面的一致性,避免对翻译记忆库进行过度合并;另一方面可以同时检索多个翻译记忆库以获得更多匹配,增加翻译记忆库的使用效率。与此同时,在使用时可以根据需要确定应该对哪一个翻译记忆库进行更新,从而解决一致性和记忆库合并之间的矛盾。

5.5 翻译记忆库应用的优势与劣势

任何一种工具都有优势与劣势,翻译记忆库也不例外。翻译记忆库的应用效率受制于数据库的规模和质量。如果翻译记忆库是空的,或者翻译记忆库中所包含的译文文本质量不高,这样的翻译记忆库的应用价值就很小(Bowker, 2002, p.115)。在翻译记忆库的规模和质量都有保障的情况下,翻译记忆库在翻译效率和翻译质量上都能体现出一定的优势。

5.5.1 翻译效率方面的优势与劣势

借助翻译记忆库中保存的原文、译文以及搜索技术,一方面有利于帮助翻译人员避免重复的翻译劳动,另一方面也有利于利用现有资源,提供初步的翻译结果供翻译人员编辑、修改,从而达到提高翻译效率的目的。在以下情况下,应用翻译记忆库有利于提高翻译效率:

(1) 科技专著、科技文献、产品说明书、用户手册、产品的帮助文件、联合国文件等篇幅较长、语言重复较多的文本的翻译。
(2) 对已有翻译文本的修改、完善、更新。
(3) 多人、不同时间、不同空间的合作翻译。
(4) 多语种产品本地化以及产品的同步发布。

然而,这种优势的获得是建立在翻译人员自身能力提高的基础之上的。翻译记忆库的应用基于文本相似性技术。因此,对翻译记忆库的有效利用,需要深入理解这一技术的基本原理,这使得学习使用翻译记忆库的学习曲线较为陡峭,不易掌握。

5.5.2 翻译质量上的优势与劣势

利用翻译记忆库进行翻译所获得翻译质量依赖于翻译记忆库中译文的质量。因此,在使用翻译记忆库的过程中,翻译人员应确认译文的正确性。否则,翻译记忆库的应用会干扰翻译质量控制。

利用翻译记忆库在质量上的一个优势是保证翻译的一致性(Bowker, 2002:117)。当译员在翻译较长文档时需要保证译文的一致性。尤其是译员在接收到结果修改和更新的文档时,翻译记忆库能够有效地提高效率,同时保证译文的一致性。此外,当多个译员同时翻译同一文档时,通过共享同一翻译记忆库,可以有助于保证不同译员之间的翻译的一致性。

但是,利用翻译记忆库也可能导致译文在文本连贯性方面的缺陷。这是因为译员在计算机辅助翻译环境中常常是以句子为单位进行翻译的。因此,他们的译文也往往以句子为单位,与此同时,译员为提高翻译的可重复性,也往往会在一些地方避免使用代词,从而出现了所谓的"peephole translation",这是在应用翻译记忆库时需要避免的现象(Bowker,2002:117)。

此外,翻译记忆库的局限性还体现在可行性方面。翻译记忆库的有效应用是建立在对已翻译文本的有效利用基础之上的。由此,在重复率很高的文体中,这种方法的作用能够得到最大程度的发挥。而对于那些文本重复率很低的文体,这种方法则无能为力。

思 考 题

1. 翻译记忆库与平行语料库存在区别吗?
2. 现有平行语料库对齐软件能否满足翻译记忆库应用的需求?
3. 如何有效地应用翻译记忆库?

第六章 翻译质量保证

> 翻译质量保证和翻译质量管理都与质量相关,却是两个不同概念,前者讨论基于计算机辅助的翻译质量检查工具;后者讨论翻译质量管理的标准、类型以及翻译质量计算方法。

6.1 翻译质量保证

翻译质量的重要性不言而喻。翻译事故以及对翻译质量的批评常见于各类媒体。对于翻译企业而言,翻译质量更是上升到事关企业生存的高度。因此,翻译质量一直是翻译界讨论的热点话题。

学术界对翻译质量讨论的传统话题是翻译标准。翻译标准是翻译活动所必须遵行的准绳,是衡量译文的尺度,也是译者在翻译实践中要不断达到的目标。翻译标准可以简单概括为四个字:"忠实、通顺"。严复提出的翻译标准为"信、达、雅";美国的奈达(Eugene A. Nida)主张把翻译的重点放在译文读者的反应上,即比较译文读者对译文的反应和原文读者对原文的反应。翻译的实质就是再现信息。因此,衡量翻译质量的标准,不仅仅在于所译的词语能否被理解,句子是否合乎语法规范,而且在于整个译文使读者产生什么样的反应(谭载喜,1991)。

与翻译标准一样,翻译质量保证(Translation Quality Assurance)也讨论翻译质量,然而两者在多个方面存在不同。首先,翻译标准主要关注哪一种类型的翻译是最理想的翻译,以理论完备性为导向。例如,严复认为"信、达、雅"是最为理想的翻译。而翻译质量保证则以"满足明确和隐含需求"为目标,以完成翻译任务为导向。这一目标既可以包含最理想的翻译结果,也可以是其他对翻译质量明确提出的要求。Hutchins(2005)将翻译质量要求划分为宣传型(Dissemination)、接受型(Assimilation)、交互型(Interchange)和数据获取(Database Access)四个水平。对于翻译质量保证而言,其最终质量管理目标以客户对翻译结果的质量要求为准则,而不是某一种理想翻译标准。

其次,翻译标准和翻译质量保证的实施主体和实施方法有所不同。翻译标准的实施主体主要是译员,他们通过运用相关翻译技巧如直译、意译、归化、异化等手段使翻译文本符合理想翻译标准。翻译质量保证是翻译项目管理的主要目标之一,其主体是管理者。管理者从全局角度，采用全过程控制和管理实施翻译质量保证，在过程中综合应用专业技术手段、管理手段以及数理统计手段，建立起一套科学、严密、高效的质量保证体系，从而在翻译生产中控制影响翻译质量的因素，保证翻译产品的质量。

在计算机辅助翻译中，组成翻译质量保证的主要有两个部分：翻译质量检测和翻译质量管理体系。翻译质量检测主要是应用翻译质量检测工具，查找、搜索、定位、检查、修改译文中存在的格式、术语一致性等翻译质量问题。与翻译标准不同，翻译质量保证是在社会需求推动下，翻译企业通过综合运用专业技术、管理技术和数理统计技术快速定位、纠正翻译错误。翻译质量管理体系则提出了对翻译质量进行量化分析的步骤、权重设置以及计算方法等。

6.2 翻译质量检测及其工具

6.2.1 翻译质量检测的原则

翻译质量检测是翻译质量保证的重要环节，一般在翻译后的编辑阶段进行。为此，TAUS（Translation Automaton User Society）提出在翻译后编辑阶段应遵循如下的原则（Declercq，2015；TAUS，2016）：

(1) 译后编辑的目标是提供语法正确、句法结构准确、语义准确的译文。
(2) 检查关键术语翻译的准确性，避免译文中出现客户规定不能出现的词语。
(3) 检查是否存在信息添加或遗漏。
(4) 检查是否出现攻击性内容、不恰当内容或者在文化上不可接受的内容。
(5) 检查是否存在拼写错误、标点符号错误，检查连字符号是否使用恰当。
(6) 检查文档格式是否正确。

分析上述原则，可以确定在译后编辑环节处理的翻译差错类型主要有三种类型：目标语言差错、目标文化差错和一致性差错。目标语言差错是指译文是否符合目标语言的语法规范、句法规范以及语义规范。Makoushina（2007）将这一类差错称为语言差错（Linguistic Errors），包括译文中存在的句法结构错误、拼写错误、标点符号错误等。TAUS后编辑原则中的(1)(5)涉及这一类差错。这类差错需要目标语言的相关知识才能正确判断和定位。

目标文化差错是指译文是否符合目标文化规范，TAUS中的第(4)项涉及这一类差错。这类差错虽然不多，但是对于译文质量至关重要。

一致性差错是指译文相对于原文存在形式、句法和语义上的不一致性。这类差错的判断标准不是译文是否满足目标语言相关规则，而是译文在格式、标点符号、术语使用等方面是否与原文保持一致。上述原则中的(2)、(3)、(5)、(6)都涉及这一类型的差错。原则上，译文须与原文在格式上基本一致，术语的翻译应与原文保持一致，不能存在信息添加或信息遗漏,标点符号应与原文保持一致,格式也应与原文保持一致。

6.2.2 翻译质量检测工具

当前计算机辅助翻译工具(如 SDL Trados Studio 2015 等)能够协助处理的主要是一致性差错,而不能处理目标语言差错和目标文化差错。应用翻译质量检测工具可以协助译员在译后编辑过程中自动查找和定位译文可能存在的一致性差错。值得注意的是,不同检测工具的智能化水平不同,其可能侦测到的差错类型也不同。附录 II 给出了 Makoushina(2007)开展的翻译质量检测工具调查结果。较为流行的翻译质量检测工具有 Déjà Vu、SDLX QA Check、Star Transit、Trados QA Checker、Wordfast、ErrorSpy、QA Distiller 以及 Xbench 等。其中 Star Transit 是较早的 QA 工具,在 1998 年就已经开始提供格式、术语和拼写方面的辅助检查。依据 Makoushina(2007)的统计,当前市场占有率相对较多的是 Trados QA Checker、SDLX QA Checker 和 QA Distiller。从格式支持看,Xbench 提供的格式支持最为丰富。

各种工具所支持的功能包括句段层面的检查、不一致性检查、标点符号检查、数字检查、术语检查以及标记检查六个方面。可以看出,这些功能大多与一致性差错有关,较少涉及目标语言差错和目标文化差错。近年来,随着翻译市场的不断扩大,自然语言处理相关技术发展比较快,翻译质量检测工具的智能化水平也有了较快的发展,能够处理目标语言差错和目标文化差错的功能也在逐步整合到翻译质量检测工具之中。

6.2.3 SDL Trados Studio 2015 的翻译质量验证工具

SDL Trados Studio 2015 提供了三种类型的质量检测工具:QA Checker 3.0,标记验证器和术语验证器(见图 6-1)。Declercq(2015)将 SDL Trados Studio 2015 所提供的验证工具与 TAUS 所提出的译后编辑原则进行了对比,对比结果如表 6-1 所示。可以看出,TAUS 所提出的 6 条原则中,有 4 条在 SDL Trados Studio 2015 的验证功能中得到体现。

图 6-1　SDL Trados Studio 2015 验证工具

表 6-1　TAUS 译后编辑原则与 SDL Trados Studio 2015 验证功能

译后编辑原则	SDL Trados Studio 2015 验证功能
检查是否存在信息添加或遗漏	QA Checker 3.0 句段检查功能 漏译、空译 译文句段与原文句段相同 译文句段长于(或短于)原文的 X% 不需要翻译的句段
检查是否存在拼写错误、标点符号错误，检查连字符号是否使用恰当	QA Checker 3.0 不一致性检查(译文中的重复词语，没有编辑过的模糊匹配结果) QA Checker 3.0 标点符号检查 QA Checker 3.0 数字、时间、日期、度量衡格式检查
检查关键术语翻译的准确性，避免译文中出现客户规定不能出现的词语	QA Checker 3.0 词表检查 QA Checker 3.0 正则表达式检查 术语验证器
检查文档格式是否正确	标记验证器

6.2.3.1　QA Checker 3.0

如图 6-1 所示，QA Checker 3.0 是 SDL Trados Studio 2015 进行翻译质量检查的主要套件，提供了句段的完整性、不同句段翻译的一致性、标点符号和数字使用的准确性、商标使用的准确性等方面的验证与检查。此外，QA Checker 3.0 还提供了词表和正则表达式进行验证的功能，为用户灵活设置提供了广阔空间。

使用句段完整性验证，可以帮助用户定位译文中存在的漏(空)译的句段，也可通过比较原文和译文的长度判断是否存在翻译不完整的现象。例如，在句段验证时将相关选项设置如图 6-2 所示，在执行验证后会得到如图 6-3 所示的检测结果。

图 6-2　句段完整性验证

图 6-3　句段验证示例

QA Checker 3.0 提供了直接查找和定位错误的功能。在图 6-3 中，用户点击任一行结果，可直接定位到出现差错的句段。演示视频 6-1("QA Checker 3.0 功能设置")和演示视频 6-2("QA Checker 3.0 翻译差错定位")演示了具体操作流程。

QA Checker 3.0 的另一个重要功能是对译文不一致内容的检查，包括相同原文句段存在不同的译文、译文中出现重复词语，以及在应用翻译记忆库模糊匹配时没有对记忆库应用结果进行编辑的句段检查等。这三项功能检查对规模较大翻译项目的质量保证是非常重要的，因为多人协同翻译中会存在同一原文出现多个译文版本的现象，重复词语也是键盘键入时常出现的错误。

QA Checker 3.0 提供了标点符号检查、数字翻译格式检查以及商标检查。在标点符号方面，QA Checker 3.0 包括标点符号的一致性，多余空格、多余圆点、首字符大小写是否符合规范、括号是否一致，以及数字、时间、日期和度量单位是否符合目标语言要求等方面的检查。

此外，QA Checker 3.0 还为高级用户提供了可自我定制的搜索定位功能：通过单词列表进行检查和通过正则表达式进行检查。知晓和熟练运用这些功能有助于快速提高质量检查的效率。以通过单词列表进行检查为例，假设原文中的"先秦"的正确译文为"Pre-Qin"，而译员有"pre-Qin""pre-Qing""pre_Qin"等多种可能的翻译版本，则可以通过单词列表功能进行如图 6-4 的设置，然后运行质量保证就可以定位到所有的上述错误并予以更正。

图 6-4　单词列表功能演示

类似地，应用正则表达式也可以完成多个方面的质量检查。如图 6-5 所示，正则表达式可以完成重复单词的检查。QA Checker 3.0 对正则表达式的支持，使得质量检查功能得到大幅增加。只要一种错误现象能够通过正则表达式描述出来，就可以在 QA Checker 3.0 中得到定位和纠正。视频 6-3("QA Checker 3.0 中正则表达式的使用")演示了 QA Checker 3.0 中正则表达式的使用。

图 6-5　应用正则表达式进行重复单词检查

6.2.3.2　术语验证器

SDL Trados Studio 2015 提供了如图 6-6 所示的术语验证器，用以验证译文中的术语与术语数据库中所提供的译文是否一致，或者验证是否使用了在术语库中标记为禁用的译文术语。视频 6-4("术语验证器的使用")演示了术语验证器的使用方法。值得注意的是，术语验证器使用的前提是已经为翻译项目指定了术语数据库。如果没有指定术语数据库，术语验证器是无法使用的。具体说明见表 6-2。

图 6-6　SDL Trados Studio 2015 中的术语验证器

表 6-2　术语验证器的设置说明

设　置	设　置　说　明
术语库名称	术语验证器的运行以术语库为基础,因此须首先设置术语库,可以在术语库页面指定默认的术语库
检查可能未使用的译文术语	选择此选项可检查原文句段中是否有已知术语,在找到术语时,检查相应的译文句段,以确保使用了正确的术语译文(来自术语库)
检查可能已设置为禁用的术语	选择此选项可检查您是否未使用此术语库明确禁止的任何术语,有关某术语是否被禁用的信息来自术语库自身

通过检测译文中术语与术语数据库中译文是否一致,可以帮助解决两种术语翻译方面的差错:(1)术语漏译;(2)术语不一致。术语漏译是指原文中存在某一术语而译文中无法找到该术语的译文。术语不一致现象是译文中虽然存在相应的译文,然而由于该译文与数据库中的译文并不相同,从而确定译文中存在术语翻译不一致。

6.2.3.3　标记验证

使用标记验证设置的目的是确保已翻译文档中的标记与原文文档中的标记相匹配。因为大部分标记与文档的格式相关,因此,保持标记的一致性是为了保证已翻译文档与原文文档在格式上保持一致。为此,标记验证会检查已翻译文档中的标记是否已经被删除或者移动。具体而言,应用标记验证可以进行如下检查:

(1)译文文档是否包含比原文文档更多的标记。
(2)译文文档是否包含比原文文档更少的标记。
(3)译文文档中的标记顺序与原文文档中的标记顺序是否不同。
(4)译文文档中是否存在幽灵标记。
(5)标记周围的空格是否已在译文文档中改变。

默认情况下,标记验证功能处于启动状态,以确保 SDL Trados Studio 2015 始终检查标记问题。取消检查设置中的所有选项即可禁用标记验证。

6.3　翻译质量管理体系

翻译质量管理体系是应市场管理的需求而出现的。在翻译需求快速增长的过程中,翻译企业也随之快速增加,翻译从业人员迅猛增长,由此,翻译服务市场需要进行统一规范,从而能够提供规范化翻译服务。从管理角度上讲,规范化的服务要求建立规范化的、可量化的翻译质量衡量标准,在标准化、量化基础上实现对翻译质量的有效控制。当前在国内和国外都有较为完善的质量管理体系。国内比较有代表性的是 2005 年由中华人民共和国国家质量监督检验检疫总局和中国国家标准管理委员会共同发布的《翻译服务译文质量要求》（GB/T19682—2005）。

王华树等（2015）对国外几种翻译质量标准进行了介绍。美国材料与试验协会（American Society for Testing and Materials）分别制定了《翻译质量保证标准指南》（ASTM F2575）和《口译服务标准指南》（ASTM F2089-01）[①]。欧洲标准化委员会（European Committee for Standardization）制定了 EN15038 标准，这一标准是目前大多数欧洲国家语言服务行业的执行准则，也是世界首部国际性的、用以规范翻译服务提供商服务质量的准则，为翻译服务质量判定和翻译产品交付提供了可靠的评估方法。加拿大标准总署制定了 CAN CGSB-131.10-2008，于 2008 年 9 月发布实施，规定了翻译服务提供方在提供翻译服务过程中应遵循的规范，该标准是在欧洲翻译服务标准 EN15038 的基础上，结合加拿大具体情况修订而成。《翻译项目——通用指南》（ISO/TS 11669）是由国际标准化组织第三十七技术委员会于 2012 年 5 月颁布的一项翻译指导框架，也是首部针对翻译行业的全球性标准。LISA QA Model[②] 是由本地化行业标准协会于 1995 年发行的本地化翻译质量模型，目前已更新至 3.1 版本。本地化行业标准协会联合本协会成员、本地化服务提供商、软硬件开发企业和最终用户，根据参与企业的最佳实践和建议，通过基础统计模型，最终推出了建立在标准数据库框架上的 LISA 质量保证模型。

翻译质量管理体系的历时发展经历了两个重要的发展阶段。其一是静态翻译质量管理体系，典型代表包括 LISA QA、《翻译质量量度》（SAE J2450）以及我国的《翻译服务译文质量要求》。这一类翻译质量管理体系的主要特点是采用同一种评价标准实施质量管理，而不考虑不同翻译任务在目的、内容等方面的差异。其二是动态翻译质量管理体系，典型代表包括 TAUS 的动态质量框架（Dynamic Quality Framework，缩写为 DQF）和 ASTM 的《翻译质量保证标准指南》（Standard Guide for Quality Assurance in Translation）。以下分别介绍了其中有代表性的翻译质量管理体系。

6.3.1 《翻译服务译文质量要求》

在中国市场上，有上千家翻译服务机构（全国以专业翻译注册的各类翻译企业有 3000 多家）（张南军、顾小放 & 张晶晶，2008）。如此数量庞大、经营主体多元化的新兴市场，必然需要加以规范。《翻译服务译文质量要求》（简称为《要求》）2005 年由中华人民共和国国家质量监督检验检疫总局和中国国家标准管理委员会共同发布。作为翻译服务国家标准，《要求》开启了中国翻译服务标准化的进程。这些标准填补了中国翻译服务行业的法规空白，对于规范中国翻译服务行业管理、促进翻译和服务质量的提高、维护顾客的合法权益具有积极的现实意义和深远的历史意义；同时，对于建立和完善中国翻

---

① http://www.atanet.org/bin/view.pl/12438.html.
② http://www.lisa.org/LISA-QA-Model-3-1.124.0.html.

译服务标准体系、促进翻译服务行业的健康发展、提升中国翻译服务行业的国际影响力和竞争力具有积极的促进作用。

《要求》从宏观和微观两个角度确定了翻译质量衡量标准。《要求》认为，译文应做到三个基本要求：(1)忠实于原文。要求译文能够完整、准确地表达原文信息，没有核心语义差错。与原文在信息方面的一致性是忠实于原文最重要的方面。(2)术语统一。术语统一存在两个方面，一个方面是术语的使用应该与目标语言的行业、专业通用标准或习惯相统一，另一个方面是同一翻译文本内部，术语翻译前后应该保持一致。(3)行文通顺。要求译文应符合目标语言的文字规范和表达习惯，行文清晰易懂。除此之外，《要求》对译文中数字表达、专用名词、计量单位、符号、缩写词、译文编排、新词，以及特殊文体等方面提出了具体的要求，以体现其可操作性。

此外，《要求》确定了译文质量的量化评定方法。译文质量通过"译文质量综合差错率"予以确定，不同差错率即表示不同的翻译质量，一般情况下，译文差错率不应超过千分之一点五。在国际标准上，一般将质量合格标准设定为千分之三左右(王华伟 & 王华树，2012:115)。在计算综合差错率时，首选抽检(万字以上的批量译稿的10%~30%)或者全部检查的方式确定待检译文，获取第Ⅰ、Ⅱ、Ⅲ和Ⅳ类错误的数量，然后通过如下公式计算差错率：

$$综合差错率 = KC_A \times \frac{C_I D_I + C_{II} D_{II} + C_{III} D_{III} + C_{IV} D_{IV}}{W} \times 100\%$$

上述公式中各参数分别代表差错率关联因素，各参数解释见表6-3。

表6-3 综合差错率计算公式中各参数名称及解释

参数符号	名称	解释
K	综合难度系数	通过考察原文在风格、主题、专业及翻译时限等方面的特征确定，建议取值范围为0.5~1.0
C_A	译文使用目的系数	译文根据使用目的分为4类，第1类为正式文件、法律文书或出版文稿，建议取值为1；第2类为一般文件和材料，建议取值为.75；第3类为参考资料，建议取值为.5；第4类为内容概要，建议取值为.25
$D_I, D_{II}, D_{III}, D_{IV}$	Ⅰ、Ⅱ、Ⅲ、Ⅳ类差错出现的次数	译文的差错分为四种类型： 第Ⅰ类：对原文理解和译文表述存在核心语义差错或关键字词(数字)、句段漏译、错译；所谓核心语义差错，是指那些能够直接影响到顾客对译文的准确使用甚至造成严重后果的差错，主要包括关键句段错误和关键字词错误 第Ⅱ类：一般语义差错，非关键字词(数字)、句段漏译、错译，译文表述存在用词、语法错误或表述含混 第Ⅲ类：专业术语不准确、不统一，不符合标准或惯例，或专用名词错译 第Ⅳ类：计量单位、符号、缩略语等未按规(约)定译法

续表

参数符号	名称	解 释
C_I, C_II, C_III, C_IV	Ⅰ、Ⅱ、Ⅲ、Ⅳ类差错的系数	建议取值为 $C_\mathrm{I}=3$, $C_\mathrm{II}=1$, $C_\mathrm{III}=0.5$, $C_\mathrm{IV}=0.25$
W	抽检总字数	

一般而言，错误按出现的个数计算。但同一种错误只计算为一个错误。所谓同一种错误，是指简单重复的错误，其原因和表现形式都十分相似，如同一词的拼写错误。

6.3.2 《翻译质量量度》

《翻译质量量度》(SAE J2450，简称为《量度》)由 SAE International 提出。本节的讨论基于其 2001 年 12 月发行的版本，该版本原用于汽车服务行业的翻译信息服务。该标准于 2002 年正式实施，现已更新至 2005 年版。SAE J2450 标准是第一个用于评价大规模翻译任务的标准体系，尽管设计之初，此标准是针对汽车行业的，但后来经过修改也可适用于生命科学、制造业等其他行业。

表 6-4 为 SAE J2450 翻译度量分数表，确定了 7 种基本差错类型：术语差错、语法差

表 6-4 SAE J2450 翻译度量分数表

SAE J2450 Translation Metric Score Sheet						
Error Type	Num * Serious		Num * Minor		Category Weighted Score
Wrong Term Score WT	____ * 5	+	____ * 2	=	____
Syntactic Error Score SE	____ * 4	+	____ * 2	=	____
Omission Score OM	____ * 4	+	____ * 2	=	____
Word Structure/Agreement Score SA	____ * 4	+	____ * 2	=	____
Misspelling Score SP	____ * 3	+	____ * 1	=	____
Punctuation Error Score PE	____ * 2	+	____ * 1	=	____
Miscellaneous Error Score ME	____ * 3	+	____ * 1	=	____
Document Score: (sum of weighted scores+number of words in source language document) ____+____+ ____+____+____+____+____ = ____ Sum of Weighted Scores ____ Sum of Weighted Scores + ____ Number of Words in Source Text = ____ Overall Document Weighted Score						

错、省略、词语结构和一致性差错、拼写错误、标点符号错误以及其他类型错误。每一种错误又区分为两种类型，即严重差错和非严重差错。因此，对于译文中出现的错误，需首先将其归类为上述 7 种错误之一，然后还需依据这一错误的严重程度，将其归类为严重错误和不严重错误。作为考察错误严重性的一般原则，如果一个错误可能导致译文在使用时产生严重的错误或者误解，那么就是严重的错误，否则就是不严重错误。与此同时，《量度》还给出了错误评估时的两条原则：(1) 如果差错类型不明确，就选择最早确定的基本原则。例如，如果不确定是术语差错还是语法差错，选择术语差错作为差错类型。(2) 如果不确定差错是"严重差错"还是"非严重差错"，选择"严重差错"类型。从表 6-4 可以看出，差错类型不同，差错的严重程度不同，其在整个度量中的权重也是不同的。与《要求》比较可以看出，《度量》并没有考察原文本的难度和文本翻译目的。这是因为《度量》的应用领域和应用目的都是相对确定的。其应用领域为汽车行业，对译文质量要求比较严格。

6.3.3 《翻译质量保证标准指南》

《翻译质量保证标准指南》(*Standard Guide for Quality Assurance in Translation*，以下简称为《标准指南》) 也称为 ASTM F2575，是由美国材料与试验协会 (American Society for Testing and Materials, ASTM) 发布的翻译质量保证体系。ASTM 作为美国历史最悠久、最大的非盈利性的标准学术团体之一，其制定的诸多标准赢得了美国工业界的官方信赖，不仅被美国各工业界纷纷采用，也大受世界各国欢迎，被世界上许多国家和企业借鉴和应用。ASTM F2575 作为翻译质量管理的标准，可以写入各种翻译项目合同之中，成为翻译质量管理的一种通用标准。该标准不定时更新，目前版本为 ASTM F2575-14，其中 14 表示该版本发布时间为 2014 年。

《标准指南》的制定者们认为，开展翻译活动的具体场景多种多样，不同的场景对翻译质量的要求并不一样。例如，翻译活动可以在如下的场景中开展：

(1) 翻译活动是 GILT 活动的组成部分。GILT 是"全球化""国际化""本地化"和"翻译"(Globalization, Internationalization, Localization 和 Translation) 四个词的首字母缩略词。GILT 需要将目标产品或服务进行改造，已适用于具有不同语言和文化的用户。当改造对象包含文本内容时，要求翻译活动不仅考虑目标区域的语言差别，还应考虑目标区域的文化差别。

(2) 翻译活动是政府行为的一部分。政府行为要求面向不同区域、不同语种的译文必须传递相同的、同一的信息，而不能因为区域或语种不同而产生信息差异。

(3) 翻译活动是满足文本材料理解的需要。例如在期刊、信函、新闻播报和跨文化交流等媒介和活动中，翻译过程可能并不需要本地化过程。

可以看出，上述场景对翻译结果的要求不尽相同，不能使用同一个翻译质量评价标准进行评价。

由此,《标准指南》提供了可用于详细描述翻译项目的整体框架。依据这一框架,参与翻译项目的各方可以制定具体的翻译项目质量标准。框架主要包含两个方面的内容:(1)影响翻译服务质量的因素。(2)各因素在翻译项目进展过程中的组织结构关系。《标准指南》并不提供翻译质量评价的具体标准,因而无法直接应用于翻译质量评价。通俗地说,《标准指南》提出的框架确定了翻译过程主要的、本质的操作过程和描述这些过程的一整套词汇。参与翻译活动的人员可以运用框架中给出的词汇,依据具体翻译任务要求制定特定翻译项目的翻译质量保证体系。从这一角度上看,《标准指南》更像是一个形而上的有关翻译活动的知识本体,使用者可使用其中的元素规定具体的翻译过程,保障翻译的质量。

在《标准指南》给出的框架中,第一个重要部分是用于描写翻译活动的术语。《标准指南》第 14 版(即 ASTM F2575-14)共给出了 49 个术语,并清晰定义了每一个术语。这些术语大致可分为参与者、操作类型、语言数据、场景和质量评估四种类别,如表 6-5 所示。

表 6-5 《翻译质量保证标准指南》中定义的描述翻译过程的术语

类别	术 语
参与者	终端用户(End User)、客户代表(Requester)、翻译服务提供商(Translation Service Provider)、项目经理(Project Manager)、翻译团队(Translation Team)、译员(Translator)、编辑者(Editor)、后编辑人员(Post-Editor)、校对员(Proof-Reader)、领域专家(Subject Matter Expert)、语言专家(Linguist)、第三方审查员(Third-Party Reviewer)
操作类型	翻译(Translation)、改写(Adaptation)、紧缩(Contraction)、扩展(Expansion)、逆向翻译(Back Translation)、摘译(Gisting)、重用(Leveraging)、计算机辅助翻译(Computer Aided Translation)、机器翻译(Machine Translation)、现场翻译(Sight Translation)、项目后审查(Post-Project Review)、本地化(Localization)、国际化(Internationalization)、全球化(Globalization)
语言数据	对齐文本(Aligned Text)、平行文本(Parallel Text)、索引(Glossary)、术语(Terminology)、术语库(Terminology Database)、翻译记忆库(Translation Memory)、翻译记忆库工具(Translation Memory Tool)、标记(Markup)、受控语言(Controlled Language)、源语言(Source Language)、目标语言(Target Language)、文体特征(Register)、文本类型(Text Type)、源文本(Source Text)、目标文本(Target Text)、词数(Word Count)
场景	目标区域(Locale)
质量评估	评价标准(Metric)、翻译能力(Translation Competence)、翻译质量(Translation Quality)

符合质量要求的译文版本并不是唯一的。换言之,对于任何源文本,都不会只存在

唯一一种正确的译文版本，而可能存在多种符合特定翻译项目要求的译文版本。由此，《标准指南》提供了一种灵活的译文质量保证机制。《标准指南》认为，所谓翻译质量，就是译文符合翻译项目预先约定的具体要求的程度，翻译项目保证的实施应基于两个方面：（1）明确翻译过程所应包含的具体操作步骤。（2）明确各操作步骤应采取的具体措施和应达到的具体要求。

《标准指南》认为，为保证翻译质量，翻译过程应包含如图6-7所示的翻译步骤。从翻译质量保证角度，翻译过程区分为三个阶段：标准制定阶段、生产阶段和项目后阶段。三个阶段缺一不可。在标准制定阶段，客户代表和翻译服务提供商应针对需要翻译的具体内容、翻译结果的交付形式等方面达成协议。协议中应写明检验翻译结果的具体标准，其中主要包括三种类型的参数：关于翻译结果的限定、关于翻译过程的限定以及关于翻译项目的限定。每一类型参数又包括多项要素，具体可参见《标准指南》文档。

图6-7 《标准指南》中的翻译阶段和操作过程（译自 ASTM F2575-14）

生产阶段主要确定翻译过程应包含的具体操作过程。由于翻译项目的规模、复杂程度以及参与翻译过程的人员数量各不相同，翻译过程应包含的具体操作过程也不尽相同，图6-7给出的是所有翻译过程应包含的主要操作过程：术语库构建与维护、文本翻译、编辑、格式编排、校对和确认以及质量检查。

项目后阶段的主要任务是依据项目开展前协商的质量标准评价项目实施过程和结果。需要指出的是，在项目完成后回顾和总结项目实施经验对客户代表、翻译服务供应商以及各参与人员都有裨益。

6.3.4 《欧洲质量标准 EN-15038》与 ISO17100

《欧洲质量标准 EN-15038》(以下简称为 EN-15038)是欧洲标准化协会(European Committee for Standardization)在 2006 年发布的翻译服务管理质量体系,欧洲各国都执行这一标准。在 EN-15038 基础上,国际标准组织在 2015 年发布了翻译服务国际标准 ISO 17100。

与《标准指南》类似,ISO 17100 也并不提供直接的质量检测标准,而是提供了一种过程标准。ISO 17100 认为,通过明确定义翻译过程所包含的具体步骤,可以达到管理翻译服务质量的目的。然而,与《标准指南》不同的是,ISO 17100 认为,评估是保证翻译质量的最主要的措施。因此,该标准中明确规定了翻译人员、修改人员、审核人员、校对人员以及项目经理等人员的资质要求,以及由各种人员参与的翻译操作和评估操作的具体要求,包括翻译、译文检查、译文修改、译文审查、校对以及译文确认等译文评估过程。ISO 17100 的这一倾向性可以从图 6-8 所给出的翻译工作流程中看出。

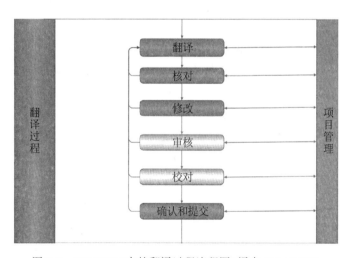

图 6-8 ISO 17100 中的翻译过程流程图(译自 ISO 17100)

对于参与翻译活动的人员资质,ISO 17100 给出了明确的资质要求。该标准认为,参与翻译过程的人员应具有以下五种能力:翻译能力,源语言和目标语言的语言知识和处理两种语言文本的能力,研究、获取和处理信息的能力,源语言和目标语言的文化认知能力,信息技术能力以及领域知识。此外,ISO 17100 规定合格的译员应具有满足以下三个标准之一的资质:(1)在高等教育机构中接受过专门翻译教育并获得证书。(2)在高等教育机构中接受过非翻译专业教育并接受过两年的全职翻译工作培训。(3)具有五年以上的全职翻译工作经验。

ISO 17100 明确定义了翻译、核对、修改、审核、校对、确认和提交等操作的具体要求。例如，在翻译过程中，译员应遵循如下要求：(1)使用特定领域、客户以及其他参考资料所提供的术语翻译规范，并确保术语翻译一致性。(2)目标语言所表达语义的准确性。(3)使用得体的语法，遵守目标语言中拼写、标点符号、变音符号和其他拼写约定。(4)注意词语的连贯性，符合目标语言搭配习惯。(5)遵守任何与特定的以及(或)客户制定的风格指南(包括领域特点、语域以及语言变体)。(6)目标国家的语言、文字、度量衡等各种适用的标准。(7)注意文本格式。(8)考虑译文受众以及译文的使用目标。

6.3.5 动态质量框架

由 TAUS(Translation Automation User Society)在 2011 年发起推动的动态质量框架(Dynamic Quality Framework，DQF)(O'Brien, Choudhury, Meer & Monasterio, 2011)近年来受到广泛关注。动态质量框架旨在提出标准化的翻译质量评价模型，其基本思想是：译文的内容、目的及其交际语境在不断变化，用于评价译文质量的评价方式也应随之变化，翻译质量的评价应考虑到译文的内容、译文的使用目的以及译文的交际对象(Görög, 2014)。

为此，DQF 提供了一般性的框架，用于在质量评价中依据具体的质量要求选择最合适的翻译质量评价模型和度量方法。具体而言，DQF 可表述为如下的函数式：

$$DQF(CommChannel, UTS) = QE$$

其中 CommChannel 为交际通道，UTF 表示三个参数：应用(Utility)、时间(Time)以及情态(Sentiment)，QE 为质量评价模型。该函数表示，DQF 依据交际通道类型、应用、时间以及情态三个参数的值，选择一种由多种控制构成的质量评测模型。

在 DQF 中，交际通道包括常规交际通道(Regulatory Channel)、内部通道(Internal Channel)以及外部通道(External Channel)。常规交际通道包括在医疗场合进行的交际，其有特定的质量要求。内部通道是指在公司内部进行的交际(如内部训练材料)。外部通道又可区分三种类型：企业到客户(B2C)、企业到企业(B2B)以及客户到客户(C2C)。不同交际通道意味着不同的交际目标群体，因而对译文的质量提出不同的要求。例如，如果交际通道为常规交际通道，其译文质量要求是相对固定的，而 B2C 交际通道对译文的质量要求要比 B2B 或者 C2C 严格。

UTF 所表示的三个参数是对文档内容的描述。DQF 首先将文档区分为八种类型：用户界面文本(User Interface Text)、市场销售材料(Marketing Material)、用户文档(User Documentation)、网站内容(Website Content)、在线帮助文档(Online Help)、音/视频内容(Audio/Video Content)、社交媒体内容(Social Media Content)、培训材料(Training Material)，然后依据在多个合作公司的调查结果，获取了不同类型文档在应用、时间和情感三个参数上的权重分布情况，如图 6-9、图 6-10 和图 6-11 所示。

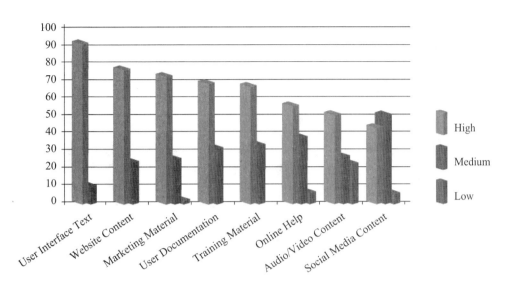

图 6-9 应用（Utility）在八种文档类型中的重要性分布（O'Brien et al., 2011）

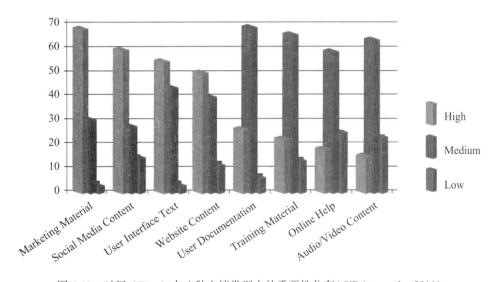

图 6-10 时间（Time）在八种文档类型中的重要性分布（O'Brien et al., 2011）

依据交际通道类型和 UTS 重要性参数，DQF 分别给出了不同的质量评价模型。例如，对于常规交际通道，如果 UTS 的重要性参数分别为：U＝非常重要、T＝中等重要、S＝不重要，那么其评价模型由如下控制方式依序构成：(1) 符合常规交际通道要求的一致性评价。(2) 可用性评价。(3) 错误类型评价。如果交际通道为 B2C，UTF 的重要性参数为：U＝中等重要、T＝非常重要、S＝不重要，那么其评价模型由如下控制方式依序构成：错误类型评价，合适程度及流利程度评价，基于社区的评价。

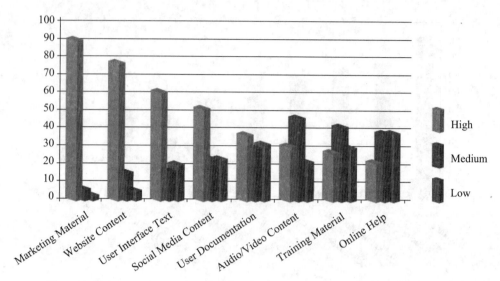

图 6-11 情态（Sentiment）在八种文档类型中的重要性分布（O'Brien et al., 2011）

在上述理论框架下，TAUS 开发了 DQF 工具套装①，用户在确定了翻译项目的类型、上载翻译文件之后，即可获得自动生成的译文质量报告。

1. 为什么要使用翻译质量保证工具？
2. 为什么需要翻译质量管理体系？其有何用途？

---

① 注册用户可通过如下链接下载：https://evaluate.taus.net/evaluate/dqf-tools.

第七章 软件交互界面的翻译

> 软件交互界面翻译是本地化过程的重要环节，一般包括对话框、菜单以及字符串的翻译，在翻译过程中应尊重行业规范和标准，保持译文的一致性和内在的统一性。

软件交互界面翻译是本地化过程中一个非常重要的基础性环节。理论上，软件交互界面的翻译是计算机辅助翻译技术的自然延伸。然而，从历史发展的角度看，计算机辅助翻译的发展和流行并不是翻译研究或计算机技术发展的结果，而是本地化企业在本地化业务和市场快速发展和扩张的形势下提出并逐步完善的结果。因此，学习、了解软件界面的翻译有助于形成对本地化的初步认识，也有助于深入了解计算机辅助翻译技术及其应用。

7.1 本地化与翻译

本地化是随着经济全球化进程的推进而兴起的信息技术的新兴产业。本地化行业标准协会(Localization Industry Standards Association)将本地化定义为对产品及其相关服务进行改造从而使该产品或服务在语言和文化方面都适合在目标区域或目标国家进行销售的生产活动。

国际上软件本地化行业兴起于20世纪80年代初期，IBM(国际商用机器公司)等跨国公司的软件产品在多个国家的销售促进了本地化行业的兴起。在20世纪80年代初期，本地化需求的规模不大，软件生产厂商在本地化方面主要采取两种方法：内部制作和外包。然而，随着本地化项目的规模不断扩大，复杂度不断增加，采用外包形式管理本地化工程的现象越来越多。到了20世纪80年代中期，出现了一些多语言供应商(Multi-Language Vendors，缩写为MLV)，如INK(即现在的LionBridge)、IDOC(即现在的Bowne)以及Berlitz等。

到了20世纪90年代初期，MLV外包形式成为软件产品本地化的主要形式。MLV形式其实也意味着专业化程度的提高。多语言供应商(MLV)提供目标语言以及语言相关的服务，这些供应商是一些在语言和技术两个方面都非常专业化的机构，能够提供专业化的服务。到了 20 世纪 90 年代中期，小型的 MLV 出现了并购、融合和全球化的趋势，并形成了几个大的本地化专门公司，如 Lermout & Hauspie、ALPNET、Lionbridge 以及 Berlitz GlobalNET 等。此外，在爱尔兰，由于政府的免税政策、爱尔兰的地理区域和语言优势、人力成本优势等，许多大型软件企业，包括 Microsoft、ORACLE、Lotus Development、Visio International、Sun Microsystems 等都将本地化的机构安排在都柏林。在国际上，本地化相关的机构包括成立于瑞士的 LISA（Localization Industry Standards Association）、爱尔兰的 Localisation Research Centre（University of Limerick）、Software Localization Interest Group（SLIG）等。

与传统的翻译相比较，本地化翻译在多个方面存在不同。在处理的对象方面，传统翻译处理的对象相对比较单一，而软件本地化过程处理的对象则不仅仅包括软件本身，还包括联机帮助文档、网站、用户手册以及多媒体材料等（崔启亮 & 胡一鸣，2011，p. 2）。更重要的是，这些对象之间还存在关联。例如，在对一个软件产品的操作界面进行翻译时，还需要考虑在产品网站和用户手册中进行相应的修改，其中的插图、按钮名称等需要进行相应的调整，以完成相应的功能或操作。

在应用技术方面，软件本地化过程中往往包含以下活动：项目管理，软件工程和翻译，在线帮助或网络内容的翻译、实现和测试，文件排版和发布，多媒体整合，质量保证技术等（Esselink, 2000），涉及软件的国际化设计、计算机辅助翻译技术、术语管理技术、译文质量检查技术、统计等。这些技术除国际化设计之外，在前面的章节都有所涉及。与技术需求相适应，参与本地化过程的人员不仅包括翻译人员，也包括软件人员和质量管理人员，需要参与人员的密切配合。

本地化翻译中，软件界面的本地化是软件本地化翻译、桌面排版、本地化测试等工作的基础，其过程所涉及的内容较为广泛，流程也比较复杂。限于篇幅，本章从译员角度出发，介绍软件界面本地化的主要内容、应用 Passolo 进行软件界面翻译的基本过程，以及界面翻译中应遵循的基本原则。

7.2　软件交互界面翻译

软件是按照特定顺序组织的计算机程序代码、数据和文档的总称。软件的主要部分可以看作两种类型语言的集合。一种语言为形式化语言，包括在计算机底层运行的机器代码，也包括高级编程语言。这一类型语言是机器运行方式的指令，在本地化过程中不仅不能翻译，还必须维护其整体性，不容破坏。另一类语言则是自然语言，用于用户界面、帮助文档等，其主要功能是人机交互，用户需要通过自然语言理解软件的操作流程、发出具体明确的指令，同时计算机处理结果还需要以自然语言方式反馈给用户。

软件中的第二类语言，即自然语言是软件交互界面的主要内容。因此，在软件规划和设计时,可以通过"国际化(Internationalization)"处理,在用户界面上留有足够空间,以适应多字符语言,使用支持国际字符集(如 Unicode)工具开发软件,使用全球规范通用的书写规范等。此外,将用户界面内容与机器代码分离,将用户界面内容以独立的方式保存在软件资源文件(Resource Files)中也有利于实施软件界面的本地化(崔启亮 & 胡一鸣,2011)。

软件中所包含的用于人机交互的组件一般分为三种类型:对话框、菜单和字串(Esselink, 2000, p. 58;崔启亮 & 胡一鸣,2011, p. 47)。对话框是用户改变软件选项或对软件进行设置的窗口。如图 7-1 所示,对话框中包含多种类型的控件,如命令按钮、单选按钮、复选按钮、复选框、下拉列表框、文本编辑框以及静态文本框等。这些控件一般都需要进行本地化处理。

图 7-1 对话框示例

软件中菜单服务于人机交互的一组命令或选项列表,用以实现软件的各种功能。菜单可以分为常规菜单和快捷菜单。常规菜单是软件运行后软件窗口上方的菜单栏区域固定显示的菜单,快捷菜单是用户使用软件时单击鼠标右键而弹出的菜单(崔启亮 & 胡一鸣,2011, p. 47)。如图 7-2 为 Windows 系统自带的写字板中的菜单,其中包含"新建"

图 7-2 常规菜单示例

"打开"等菜单命令的一层子菜单，而点击"另存为"后打开的为下层子菜单。在两个菜单中，都包含热键(如"打开"菜单命令的括号内包含的字母"O"，按住 Alt 键，同时按下字母 O 就可执行"打开文件"的命令。此外，有的菜单还会带有快捷键，用户可以通过按下这些组合键快速执行菜单命令。

图 7-3 显示的则是写字板中的快捷菜单。在写字板窗体中单击右键，即可打开快捷菜单。快捷菜单中也可以包含热键和快捷键标识。

图 7-3 快捷菜单示例

字串是内嵌在程序代码中，并在软件运行过程中出现的短语或者句子。这些句子具有多种用户交互功能，如告知用户软件运行状态、运行错误，警告或帮助信息等。例如，图 7-4 是一部分 C++代码，其中引号内的短语和句子即需要翻译的字串。如"China""United Kingdom"等是一个下拉菜单的几个选项；"%s is found and loaded"和"%s is not found!"分别是交互信息。在软件运行时，这些字串会在相应的情况下弹出，以告知用户软件当前运行状态或者提供相关选项。

```
// TODO: 在此添加额外的初始化代码
m_combo_box.AddString(_T("China"));
m_combo_box.AddString(_T("United Kindom"));
m_combo_box.AddString(_T("United States"));
m_combo_box.InsertString(1, _T("France"));
m_combo_box.SetCurSel(0);

CString str, srcFile = _T("test.avi");
if (m_animate_ctrl.Open(srcFile)) {
    str.Format(_T("%s is found and loaded"), srcFile);
    MessageBox(str, _T("INFO"), MB_OK);
}
else {
    str.Format(_T("%s is not found!"), srcFile);
    MessageBox(str, _T("INFO"), MB_OK);
}
```

图 7-4 C++代码示例

用于用户交互的对话框、菜单和字串等所包含的文字与一般文档中的文字不同。这些文字除了表示控件的名称或功能之外，还具有标识软件操作方式(如热键、快捷键)的功能。在翻译软件界面时，不仅要在语义上保持控件名称对等，更重要的是要保持软件界面功能方面的一致性。由此，译员不仅要熟悉软件界面中的特定术语，还需要理解控件中文字与软件功能之间的对应关系,这样才能保证翻译过程中软件功能的完整性。

7.3　Passolo 与交互界面翻译

当前世界上比较流行的软件本地化工具包括 Passolo 和 Alchemhy Catalyst 等。在本地化流程中,这类工具的主要功能是将相关源文件中的机器代码和自然语言分离并提取出来,从而使翻译人员在不接触源代码的情况下完成本地化工作。Passolo 作为流行的软件本地化工具,能够保证翻译数据编译、交换和处理的安全性,还使用"所见即所得"的用户处理界面来提高翻译结果的可视化程度。

图 7-5 给出了运用 Passolo 进行软件界面翻译的流程。在 Passolo 中搭建一个项目,确定需要翻译的源文件,然后 Passolo 对源文件进行分析,从源文件提取各种控件中所包含的待翻译字串。与 SDL Trados Studio 不同,Passolo 支持以 Visual C++、Borland C++,以及 Delphi 语言编写的软件,也支持 Java 语言,能处理的源文件类型一般为执行文件(*.EXE)或动态链接库文件(*.DLL)。Passolo 通过运行句法分析器(Parser)分析其中的字串,并将可执行文件中的可译字串抽取出来。需要注意的是,对于其他类型的文件的支持,可以通过增加辅助工具获得支持。

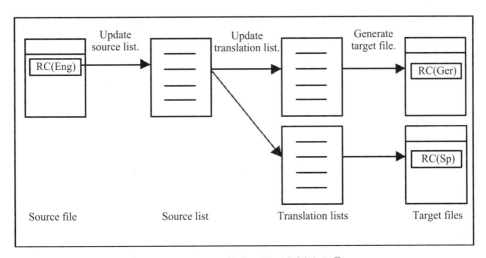

图 7-5　Passolo 的交互界面翻译流程[①]

表 7-1 给出了 Passolo 中可添加的句法分析器类型及其所支持的文件格式。

---

① 节选自 Passolo 用户手册。

表 7-1 Passolo 支持的文件句法分析类型

句法分析器类型	文件格式
HTML Parer	支持 HTML 格式
文本文件分析器	支持所有文本文件
XML 分析器	支持 XML 文件
JAVA 分析器	支持 JAVA 应用程序格式（＊.JAVA、＊.JAR、＊.WAR 等）
微软.NET 分析器	支持微软.Net 框架下的应用程序
Windows 8 Modern UI XLIFF	用于 Windows 8 Modern UI 中的 XLIFF 文件
MSI 分析器	微软安装文件（＊.MSI）
ODBC 数据库分析器	支持通过 ODBC 访问数据库的文件格式
PO 文件	Portable Object 文件
资源文件分析器	Windows 资源文件（＊.RC）
Visual BASIC 6 分析器	支持 Visual BASIC 项目文件
Embarcadero Delphi/C++分析器	用 Embarcadero Delphi 或 Embarcadero 编译器编制的文件

在 Passolo 中，从源文件中抽取出源文字串表（Source List）的过程称为"更新源语言字串列表"。在此基础上，通过"更新翻译字串列表"即可获得翻译字串列表，然后再通过"生成目标文件"将翻译字串列表嵌入文件中，生成目标文件。在后处理过程中，目标文件还需要经过测试，以保证软件功能的完整性。

依据上述翻译流程，给定一个需要进行本地化的二进制文件，使用 Passolo 可以完成用户界面的翻译。视频 7-1 演示了使用 Passolo 本地化软件的过程。

7.4 软件交互界面翻译原则

7.4.1 一般性原则

软件交互界面中的语言是用户与软件交互过程中信息传递的重要组成部分，在语言形式、功能以及格式等方面与一般文本中的文字存在较大的差别。在词汇方面，用户交互界面中专用术语较多，且不同语言中术语的译文相对固定；在句法方面，存在较多的祈使句式、陈述句式，以及简短、力求精练，且有特殊格式的句子；在语义和语用方面，用户交互语言服务于提升软件的可用性。为指定和理解软件翻译的一般性原则，需要从理论上理解软件的用户交互设计，理解影响软件可用性的主要因素。

符号工程理论（Semiotic Engineering）（de Souza, 1993, 2005; Souza, 2005）以符号学（尤其是 Charles Sanders Peirce 的符号学理论）为基础，提出了人机交互（Human-Computer Interface）的理论模型，认为人机交互是软件设计者以软件交互界面为媒介，指导用户如何与系统交互，以达到软件系统所设计的目标的交际活动。与其他交际活动相比较，人机交互中的交际活动有两个主要特点。第一个特点是单向性。在人机交互过程中，软件设计者是过程的主导者，设计者向用户单向传递信息，而用户则是信息的接受者和解释者，无法向设计者提供反馈。设计者在推理、选择和最终决策的基础上，将对某一问题情景以及一整套特定的问题解决方式进行编码，并以包含语言形式的界面呈现出来。而用户在软件使用过程中，需要学习、解释并理解软件界面及其编码系统才能与软件交互，完成预定任务。

人机交互的第二个特点是元交际，即设计者向用户传递的信息主要是关于其他交际活动的信息。这些信息基于对人们在思维过程中规律的捕获和理解，用以指导用户完成软件操作，达到软件设计目标。软件系统作为软件设计者的交际代言人（Communicative Deputy），其界面及其语言体系应保持一致性和整体性，界面呈现方式合适、恰当，才能更好地支持用户在交互时的理解和解释交际过程。

软件用户界面翻译是对软件界面中最重要的媒介形式——语言的处理。在翻译过程中，译员应充分考虑到人机交互界面这一交际活动的单向性和元交际性，在翻译时尽力维护和提升软件的可使用性。在软件可用性方面，Nielsen（1994）在综合分析249个软件可用性问题的基础上，提出了用户界面设计应注意的十条一般性原则：（1）系统状态的可视。（2）系统与客观世界之间的对应关系。（3）考虑用户的控制能力和自由度。（4）遵循标准，保持一致性。（5）避免错误。（6）尽量提供相关信息，避免依赖于用户记忆。（7）灵活性和使用效率。（8）美观及信息量最小化。（9）协助用户识别、确定错误和从错误中恢复。（10）帮助文档。

综合符号工程理论和软件设计可用性原则，翻译过程中应遵循如下原则：

（1）保持译文的一致性及其内在的统一性。从符号工程理论来看，界面语言是软件设计者与用户之间的交际活动，其一致性和内在统一性是这一交际活动的本质特征，也是交际活动成功的保证。因此，在翻译过程中，译者一方面需要理解设计者的意图，包括软件所涉问题情景、问题解决逻辑过程；另一方面需要保证术语使用、句型选择以及翻译风格等的一致性。此外，译文的一致性还应体现为语言符号与其他非语言符号的交互关系，以便界面作为整体表达设计者的意图。

（2）尊重行业规范和标准。译者在进行词语、句式等选择时应遵循软件涉及行业在术语使用、概念表达等方面的规范，尊重行业已经形成的标准，这样才能减少用户在理解软件设计者意图时的障碍，增进软件的可使用性。

从上述两个原则可以看出，与文本翻译活动相比较，软件界面翻译对于规范性的要求更为严格。

7.4.2 术语翻译规范

如第四章所述，术语是一个领域概念的表征系统。在用户界面翻译过程中，术语的一致性和统一性是保证翻译质量的重要环节。在术语翻译过程中，应遵循操作系统、相关行业，以及系统内部对于术语翻译一致性的要求。

7.4.2.1 术语翻译与操作系统

在计算机应用发展过程中，形成了不同的操作系统，其中流行的包括微软公司的 Windows 操作系统、苹果公司的 Mac 操作系统，以及 Unix 操作系统等。即便是同一概念，不同的操作系统所使用的术语也不尽相同。因此，译员需熟悉成熟的操作系统中常用术语在源语言和目标语言中的表达方式，同时应注意到不同操作系统中术语的选择问题。

7.4.2.2 术语翻译与术语表

使用术语管理工具是保证在翻译用户界面时术语使用一致性的重要工具。一般而言，在本地化项目开始前，都会收集、整理用户界面上的术语，建立术语表，以便在翻译时使用。我们以 Passolo 为例介绍术语表的构建和使用。视频 7-2（"Passolo 中术语表的应用"）演示了 Passolo 中术语的使用过程。

Passolo 包含两种类型的术语表：公用术语表（Common Glossaries）和项目术语表（Project Glossaries），以区分适用于某一类型操作系统的术语和适用于某一特定项目的术语。Passolo 2015 包含了微软基础类库（Microsoft Foundation Classes）的常用术语文件。图 7-6 给出了该术语表文件的示例。

图 7-6 Passolo 术语表文件示例

Passolo 中的术语文件是文本文件(ASCII 编码或者 Unicode 编码)。文件中术语编排具有特定结构。文件第一行定义了语言类型,不同语言用制表符(TAB)隔开。语言类型采用 ID 标识,每一个 ID 标识包含基础类和下类两个部分。如在图 7-6 中,"9 1"表示美国英语(其中 9 为基础类,表示英语,1 表示美国英语),"4 2"表示简体中文,"4 1"表示繁体中文。除第一行外,文件中其他行给出了不同语言类型的术语,如美国英语中的"Open",其对应的简体中文为"打开",繁体中文为"打開"。

项目专用术语表可以有两个来源。其一是依照通用性术语表的数据结构,手工构建项目专用术语表。其二是利用已有 Passolo 项目,通过 Export 方式输出术语表。视频 7-3 ("Passolo 术语表导出")演示了该方式。采用 Export 方式输出术语表的方法如下:在打开的 Passolo 项目中,进入 Project>Export,然后可选择 "Passolo Glossary Export" 或者 "Passolo Glossary Maker" 中的一种方式将该项目的翻译结果保存为术语表。

在翻译过程中,可以通过"Home>Translate>Pre-Translate String"应用术语表中的译文。具体操作参考视频 7-2("Passolo 中术语表的应用")。

7.4.3 格式规范

7.4.3.1 标点符号处理规则

1.引号的使用

在翻译过程中,应避免使用双引号,这是因为在程序代码中,可译字串往往放置在引号内。如例 7-1 中的 C++代码,可以生成如图 7-7 所示的对话框:

例 7-1

MessageBox(_T("所需的文件没有找到。"), _T("警告信息"), MB_OK)

图 7-7 引号在程序代码中的示例

其中的字串"所需的文件没有找到。"和"警告信息"放置于双引号之内。如果再加入引号,可能破坏程序结构,导致程序不能运行。在一些特殊场合可使用单引号模式。例如,在翻译"点击""确认""继续"时,正确的译文形式应该为"press 'OK' to continue"。与此同时,如果原文开头或结尾存在引号,在翻译时应该保留,而不能随意删除这些引号。

2.空格字符的使用

应避免随意删除字串开头或者结尾的空格。在一些语言(如英语)中，这些空格字符是用于在程序运行时区分不同字词的界限。例如，将"复制"译为"copying"时，需要保留"制"后的空格。因为在文件运行时，"复制"会紧跟一个文件名，形如"复制 test.txt"，如果不保留空格，译文则会显示为"copyingtest.txt"。在汉语为目标语言时，除菜单外，中文字和半角字符之间需要保留一个半角空格，例如，在中文字符和英文字符、阿拉伯数字之间需要保留一个半角空格。

3.括号的使用

如果括号内的字符都是半角字符，则使用英文半角括号。而如果括号内是中文字，或者包含中文字，则一律使用全角符号。

7.4.3.2 特殊字符处理规则

程序代码中常常使用一些特殊字符，如"&""%""\"等。这些特殊字符一般具有特定的含义，在翻译过程中需要特殊对待，避免出现错误。"&"符号（Ampersand Character）应用于某些编程语言中，表达特殊意义。例如，在C++语言中，"&"表示"与"逻辑操作符；在Windows菜单中表示下画线等。

有一些字符在字串的格式化输出中被作为变量使用。所谓变量，是指在编程语言中，使用一些特定的占位符号，这些符号在程序运行过程中会被其他的字串替代。一般而言，这些符号都以"%"作为开始。例如，在字串"%s has value %d."中的两个变量字符"%s"和"%d"分别表示字串变量和十进制整数型变量。将字串"Temperature"和"25"分别替换其中的变量即可生成字串"Temperature has value 25"。表7-2中是字串格式化时常用的变量及其含义。

表7-2 变量字符及其含义

变量	含义
%s	字串变量
%d	十进制整数型变量
%f	十进制浮点型变量
%x	十六进制变量
%u	Unicode 字符
{n}	第 n 或者 n-1 个变量，n 可以从"0"或者"1"开始
%p	Page number

（转引自崔启亮 & 胡一鸣，2011:54）

还有些字符被称为控制符,用于控制字符的显示格式,常见的控制符如表 7-3 所示。在翻译过程中,应保持控制符的形式不发生变化。

表 7-3 常见控制符及其含义

控制符	含　　义
\n	换行符
\r	回车符
\t	制表符

(转引自崔启亮 & 胡一鸣,2011:54)

7.4.3.3 热键的翻译

热键也称快捷键,是通过特定按键、按键顺序或者按键组合来完成一个操作。参与热键的按键中往往包含 Ctrl 键、Shift 键、Alt 键、Fn 键、Windows 平台下的 Windows 键和 Mac 平台下的 Meta 键等。利用快捷键可以更便捷地完成一些操作。例如,在 Microsoft Word 中,应用热键"Ctrl+S"可以完成文件保存操作。视频 7-4("热键使用视频")和视频 7-5("Passolo 中的热键翻译")演示了热键的功能及其翻译方法。

软件可以自主定义热键组合方式,并在主菜单、快捷菜单或者对话框中以一定的形式标识出来。例如在图 7-8 中,主菜单中"文件(F)"中的字母"F"即表示热键。"Alt+F"组合可以直接打开"文件(F)"的子菜单,"新建(N)"中的"N"表示单击键 N 可以打开新的编辑窗口,而"Ctrl+N"则表示另一种热键方式,即在编辑窗口中,使用该组合键即可打开新的编辑窗口。

图 7-8 热键在菜单中的标识

在 Windows 中，上述热键标识方式具有规范性，因此，在翻译时应遵循相应的翻译格式。崔启亮(2011)总结了热键翻译时应注意的四个要点：(1)符号"&"和热键字母"F"被半角括号括起来，位于菜单译文之后。(2)菜单译文"文件"和半角括号之间不需要保留空格。(3)本地化的热键字母一律大写。(4)菜单文字后的省略号"..."不能删除，且保持为英文的省略号，而不能使用中文省略号"……"。

7.4.3.4 空间限制问题

用户界面翻译中经常会遇到空间和长度的限制问题，这是由不同语言的文本长度不同造成的。一般情况下，中文文本要短于英文文本。另外，字体大小也会导致空间分布的不协调。如图 7-9 中原文为英文，译文为中文。可以看出，中文字体所占空间稍大。这一问题的解决方案一般有如下几种：

(1)通过翻译工具或者请求软件工程师对控件的尺寸进行调整。如 Passolo 支持所见即所得的界面编辑设置，利用该编辑界面，可以对控件的距离、大小、字体进行调整。视频 7-6("Passolo 中的用户界面调整")演示了这种方法。

(2)通过修改翻译文本，或者使用缩略词等调整文本长度。

(a)原文

(b)译文

图 7-9　原文与译文在空间大小上的变化

7.4.4　不翻译内容

界面翻译中有一些字串是不需要翻译的。例如，文件后缀名一般不需要翻译；资源文件中包含的日期或时间格式不需要翻译。

7.4.5　地名

地名具有高度的政治敏感性，涉及一个国家的政策。因此，在翻译过程中需慎重处理。表 7-4 给出了部分地名的标准表达方式。

表 7-4　部分地名的标准表达方式

英　文	汉　语
Taiwan, China	中国台湾
Hong Kong, China	中国香港/中国香港特别行政区
Macao, China	中国澳门/中国澳门特别行政区
Country/Region	国家/地区
Korea	韩国
D.P.R. Korea	朝鲜

（引自杨颖波等，2011，有删改）

思 考 题

1.本地化与软件交互界面翻译是一回事吗？为什么？

2.软件交互界面翻译主要包含哪些任务？

3.软件交互界面翻译与一般的文本翻译任务存在哪些异同？

第八章 译后编辑

> 译后编辑是机器翻译得到迅速发展之后新兴的研究领域,也是未来计算机辅助翻译发展的重要领域。从提高翻译效率角度看,机器翻译质量、自动译后编辑技术、翻译质量预测以及人工译后编辑的效率是该领域的主题。

8.1 定义、历史与前景

译后编辑(Post-Editing)是近年来随着机器翻译(Machine Translation,缩写为 MT)研究不断发展而进入研究人员视野的研究领域。所谓译后编辑(Post-Editing),一般是指对 MT 输出的结果进行修正和编辑,从而使得最后的译文能够准确传递原文信息、符合目标语言语法规范(Tatsumi, 2010)。值得注意的是,这里的 MT 输出结果可以是 MT 或者依据翻译记忆库输出的译文结果。(崔启亮,2014)依据编辑的对象区分出"狭义译后编辑"和"广义译后编辑"两种类型,将传统意义的译后编辑称为"狭义译后编辑"或者"MT 译后编辑",译后编辑的对象是 MT 输出的结果;将以集成翻译环境输出的初始译文作为译后编辑对象的译后编辑称为"广义译后编辑"或者"集成翻译的译后编辑",集成翻译环境的译文输出可以是依据翻译记忆,或 MT,或翻译管理系统得到的译文。

本章讨论的是狭义译后编辑,即对 MT 结果输出进行译后编辑。例如,云译客①提供了如图 8-1、图 8-2 所示的两种译后编辑工作方式。图 8-1 是整篇译后编辑模式,用户可选择使用其中的某一种机器翻译引擎,随后进入译后编辑模式。图 8-2 是单个句段译后编辑模式,用户点击其中的 MT 按钮,机器翻译译文就会出现在当前译文窗口,用户随后即可对机器译文进行编辑。

---

① 云译客是传神语联网网络科技股份有限公司开发的在线翻译软件,可通过以下地址登录:https://pe-x.iol8.com/#/home。

图 8-1　云译客的整篇译后编辑模式

图 8-2　云译客的单个句段译后编辑模式

狭义译后编辑与传统翻译或面向人工译文的译后编辑存在较大的不同(O'Brien，2006)。两者的区别主要体现在以下几个方面：(1)两者的错误类型不同。狭义译后编辑所处理的是 MT 译文，其中可能存在大量的词语缺失、信息缺失、语义错误、重复、标点符号错误等，而这些错误在人工译文中一般较少。(2)语义错误存在的层面不同。MT 译文的语义错误可能存在于词汇、短语、句子等所有层面，而人工译文的语义错误更多地出现在句子层面。(3)两者的目的不尽相同。狭义译后编辑的目的往往倾向于对句子进行句法和语义修改，增加句子的可读性和可理解性，而对人工译文的译后编辑的目的更倾向于篇章和语用层面。

译后编辑研究起源于 20 世纪 80 年代中期。Dorothy Senez 在 1985 年率先探讨了 MT 的译后编辑服务在欧盟委员会的应用情况。1994 年 Hans Krings 完成了译后编辑的博士后研究报告，随后 Geoffrey Koby 等把该报告译成英文，并于 2001 年出版。Krings (2001) 的研究报告也许是译后编辑领域最早的一本专著。此后，随着 MT 技术与产品在翻译行业中的应用，越来越多的研究人员将目光投向了译后编辑。Midori Tatsumi 在 2010 年完成了他的博士论文。Tatsumi（2010）较为全面地分析研究了译后编辑过程影响译员工作效率的因素、原文特征、译后编辑行为、译后编辑工作量等。

近年来，随着 MT 技术的长足发展，译后编辑越来越受到翻译界的重视。崔启亮（2014）引用行业数据说明了这一趋势：翻译自动化用户协会（Translation Automation User Society）2010 年对全球语言服务供应商的专题调研表明，49.3%的供应商经常提供译后编辑服务；卡门森斯咨询公司（CSA）2010 年发布的语言服务行业报告指出，42%的语言服务提供商已经向客户提供 MT 的译后编辑服务。其后，翻译自动化用户协会（Translation Automation User Society）在 2017 年的《机器翻译市场报告》中认为，MT 的发展，特别是神经机器翻译的发展，将对翻译行为产生巨大影响。该报告在 2017 年预测，新的翻译模式，即"MT+译后编辑"（MT+PE）模式有可能在未来五年内（即 2022 年）成为翻译行业首要的生产环境（TAUS，2017）。"MT+译后编辑"模式代表着翻译行业对当前 MT 蓬勃发展的积极态度，即 MT 并没有替代人工翻译，而是成为翻译人员的一种"增强式装备"，逐渐替换老式的基于翻译记忆库的翻译模式。Massardo and Meer（2017）预测，在可见的未来，在 MT 尚未完全具备可用性之前，"MT+译后编辑"作为人机融合式翻译模式将维持较长一段时间。

与其他计算机辅助翻译技术一样，译后编辑技术研究的主要目的，是如何借助译后编辑提高翻译的生产率和翻译质量。换言之，如何在保证译文质量的前提下，降低译后编辑的工作量是译后编辑研究的重点。为此，译后编辑可以围绕以下问题展开研究：在译后编辑工作中，哪些是影响译后工作量的主要因素？这些因素如何对译文编辑工作量施加影响？如何调整这些因素以增加以后的编辑效率？本章主要介绍了其中的四个主要技术要素，分别是神经机器翻译、自动译后编辑、翻译质量评估与翻译质量预测、人工译后编辑。

8.2 神经机器翻译

当前 MT 性能最好的是神经机器翻译。神经机器翻译是深度学习技术在 MT 领域应用的结果。深度学习是机器学习领域的一个新方向，最早由多伦多大学的 Hinton 等在 2006 年提出（Hinton，Osindero & Teh，2006）。在该项研究中，Hinton 等基于样本数据，通过一定的训练方法得到包含多个层级的深度网络结构。其之所以称为"深度"，是相对于支持向量机（Support Vector Machine）、最大熵（Maximum Entropy）等"浅层"机器学习方法而言的（尹宝才、王文通 & 王立春，2015）。浅层机器学习方法依靠人工经验抽取样本特征，通过数据训练学习并获取的是没有层次结构的单层特征模型，而深度学习是通过对原始数据进行逐层特征变换，自动地学习得到层次化的特征表示。

深度学习使用一个包含大量单一元素（神经元）的深度网络结构，如图 8-3 所示。每一个神经元在接收多个信息输入后，给出多个输出。每一个神经元与其他神经元相连接，神经元之间的连接强度用权值表示，权值在学习过程中修改，网络中所有神经元连接的权值决定了网络的功能。

图 8-3　深度神经网络

在神经机器翻译中使用得最多的深度学习网络类型是循环神经网络（Recurrent Neural Network，RNN），这也是当前 MT 的主流技术。Cho，Bahdanau，Bougares，Schwenk 和 Bengio（2014）最早提出了基于循环神经网络的神经机器翻译（Neural Machine Translation）模型。在该项研究中，MT 被描述为如图 8-4 所示的端到端的编码—解码过程。给定原文为字串"$X_1 X_2 \ldots X_t$"，编码器逐个读取原文字符 X_i，并逐个编码为隐含状态 h_i，在读取完原文字串之后，进入状态 C。状态 C 是对原文字符串的总括。解码器以状态 C 为基础，逐个生成另一个系列的隐含状态 $Z_1 Z_2 \ldots Z_{t'}$，在生成每一个隐含状态 Z_i 的同时，生成目标语言字串 Y_i。

基于 RNN 的神经机器翻译有两个主要特点。第一个特点是其翻译过程与翻译人员的思维过程是一致的。译员在翻译过程中，首先是阅读原文字串，在阅读过程中激活一系列神经网络，这可理解为一个编码过程。在阅读完成后，译员也会激活一系列神经网络，并生成译文，这是一个解码过程。基于 RNN 的神经机器翻译与人工翻译过程的一致性是 Cho 等（2014）构造这一神经机器翻译模型的主要依据。

也正是基于模拟人工翻译过程这一原则，研究者们在上述模型基础上添加了两项重要的功能，使其更为接近人工翻译的思维过程。第一个功能是对上下文语境的模拟。译员在理解原文的过程中，不仅依赖于上文，还会考虑下文。为此，需要将编码过程修改为双向循环网络，如图 8-4 所示。对于源语言字串（英文字串 Economic，growth，has，slowed，down，in，recent，years...），编码器首先采用一个循环神经网络从左至右正向读取字串，并逐个记录每一个词语的隐含状态 h_i^1，同时还采用另一个循环神经网络从右至左逆向读取字串，并逐个记录每一个词语的隐含状态 h_i^2，那么由 h_i^1 和 h_i^2 组合而成的新隐含状态 h'_i 就是包含了词语 X_i 的上下文信息。

图 8-4 基于 RNN 编码—解码的神经机器翻译示意图

第二个功能是对注意力机制的模拟。译员在翻译过程中，会综合考虑原文和译文中的所有信息，但并不是所有信息都具有相同的地位。相反，译员会将注意力集中在某一些特定的原文词语、译文词语。因此，在解码过程中，需要引入注意力机制。如图 8-5 所示，在转换生成目标语言的过程中，还有来自于某一个原文词语 h_j 的信息和某一个译文状态 z_i 的信息。Bahdanau、Cho 和 Bengio（2014）提出的神经机器翻译模型是最早使用注意力机制的研究。

图 8-5 基于双向循环神经网络的源语言编码（摘自 Cho，2015，有修改）

基于 RNN 的神经机器翻译的第二个特点是模拟译员的学习过程，通过数据训练构建 MT 模型。观察译员学习和训练的微观过程，译员首先需要完成一组翻译练习，然后对照这些练习的参考答案，逐个纠正翻译过程中存在的错误或偏差，反思并调整自身在语言能力、翻译技巧、文化常识等方面的不足。基于 RNN 的神经机器翻译模型的训练过程与译员的学习过程是一样的。在机器学习研究中，这种模型被称为有监督的机器学习模型，能够从大规模语料中自动学习和调整自身的参数，自动构建翻译模型。这一过程可以通过多种方法实现，其中采用最大似然估计方法实现的基本思想是：

(1) 准备双语平行语料 $D = (X^N, Y^N)$，其中包含 N 对源语言—目标语言对 (x_i, y_i)。

(2) 构建如图 8-4 所示的神经机器翻译模型，设该模型参数集合为 Θ。

(3) 采用随机数方法初始化 Θ，然后重复执行以下两个步骤，获取最大条件概率 $L(D, \Theta)$。

(a) 采用前向传播算法计算如下的条件概率：

$$L(D, \Theta) = \frac{1}{N} \sum_{i=1}^{N} \log P(y_i \mid x_i, \Theta), (x_i, y_i) \in (X^N, Y^N)$$

(b) 比对步骤(a)计算获得的条件概率与 (X^N, Y^N) 的真实概率获取差值，采用反向传播算法进行随机梯度下降计算(Stochastic Gradient Descent)，反向逐层调整 Θ。

从上述过程可以看出，基于 RNN 的神经机器翻译模型的训练过程与译员训练的过程非常相似。

现有的大部分 MT 模型研究，如 Vaswani 等(2017)都以基于 RNN 的端到端模型为基础，并加入注意力机制(Chatterjee，2019)。

8.3　自动译后编辑

8.3.1　理据

自动译后编辑(Automatic Post-Editing, APE)是应用机器学习等技术对 MT 输出的译文进行自动编辑。理论上，机器学习技术可以直接在 MT 的编码和解码过程之中运用。那么，为什么还需要在 MT 完成之后，增加一个 APE 这一环节呢？这主要是基于以下考虑(Chatterjee, 2019; Chatterjee, Weller, Negri & Turchi, 2015)：

(1) 在一些特定情形下，在 MT 编码环节，存在一些不方便或者无法进行编码的信息。例如，一个面向所有领域的 MT 系统，就不会考虑专业领域的术语词典、专业领域文体特征等信息。此外，有一些信息，如以篇章为单位的信息、长距离依赖信息等在编码过程中也难以考虑。当评测与分析无法在 MT 引擎内部完成时，就只能在完整 MT 译文给出之后才能进行译后编辑工作，这时 APE 就可以介入。

(2) MT 是从源语言到目标语言的映射，相同的输入会导致相同的输出。因此，一旦映射有误，MT 系统就会重复输出有问题的译文，出现系统性的错误。当 MT 是"黑箱"

式引擎时,这些错误无法通过更改 MT 系统的编码或解码环节修改,而只能对 MT 输出的译文进行重复修改。这种重复劳动会让译员觉得很枯燥,适合通过 APE 方式实现。

(3)人工译后编辑的即时信息。即通过在线学习技术可以充分利用人工译后编辑对 MT 结果的校正。通过构建基于在线学习的 APE,为译员提供更高质量的 MT 译文,降低其工作量。

8.3.2 自动译后编辑技术

APE 技术在本质上与 MT 技术是一样的,都是从一个文本映射到另一个文本,因此研究者们设计 APE 系统时使用的技术也随着 MT 技术的发展,经历了基于规则、基于短语、神经网络这三个阶段。基于规则的系统拥有针对具体语言现象的规则,因此能够较好地纠正相应的 MT 错误。但实际的翻译场景复杂多变,仅靠事先制定的规则很难覆盖所有的 MT 错误,而且每一种语言都需要独特的规则,要求的人工和时间成本太高,因此近年来的 APE 系统大多采用数据驱动的方法自动学习纠错规则。其基本思想是将 MT 译文作为源语言文本,在 MT 译文的基础上经过人工编辑获得的文本作为目的文本,应用统计学习或是神经网络的方法训练模型。这种思想可以形式化地表述为:给定一个源语言句子 s 和相应的 MT 译文 t,APE 系统尝试在所有可能的译后编辑译文集合 $C(e)$ 中找到一个最优的译后编辑译文 e,如下所示:

$$\hat{e} = \arg\max_{e \in C(e)} P(e \mid t, s)$$

Simard, Goutte 和 Isabelle (2007)率先提出这一思路,用当时流行于 MT 领域的基于短语的方法来训练 APE 系统。但他们只利用了 MT 译文和人工编辑译文,未考虑源语文本的信息。Béchara, Y.和 van Genabith (2011)采用对齐技术将源语言文本和 MT 译文中的字/词一一配对,共同作为 APE 系统的输入。Chatterjee 等(2015)对这两种方法进行了对比,发现后者,即包括源语言信息的方法性能稍优。

近年来,随着深度学习技术在自然语言处理中的广泛应用,许多研究者将其应用于译文自动后编辑(谭亦鸣等,2018)。从 Libovický, Helcl, Tlustý 等(2016)使用双向递归神经网络编码器—解码器模型来训练自动译后编辑系统到 Tebbifakhr, Agrawal, Negri, 和 Turchi (2018)以 Transformer 结构作为自动译后编辑系统的原型,研究者们用于设计 APE 系统的技术在不断更新。最新一届的机器翻译研讨会(WMT19)APE 子任务中,绝大多数模型使用的都是 Transformer 结构[①],利用源语言、MT 译文、译后编辑译文、译员编辑行为等多种信息训练自动译后编辑系统(Chatterjee, 2019)。

不管是早期基于短语的方法,还是近年流行的神经网络,APE 的训练都是在受控的

---

① Transformer 结构是 Vaswani 等(2017)提出的基于深度学习的机器翻译模型。在本质上,Transformer 结构与图 8-4 和图 8-5 一样,是一个端到端的编码—解码模型,不同之处主要在于在模型中使用了注意力机制。具体请参见 Vaswani 等(2017)。

环境下进行的，也就是说训练数据的来源、内容都是统一的。这种数据的有限性使其只能反映部分 MT 错误。但在真实场景中自动译后编辑系统可能要接受来自不同 MT 引擎、不同文本类型的输入，受控训练学习到的纠错规则不一定适用于所有场景，有时反而会降低 MT 译文的质量。为了更好地适应现实场景，研究者们尝试将在线学习与自动译后编辑结合起来，实现译员与自动译后编辑系统的互动。流程如图 8-6 所示。

图 8-6　在线学习与自动译后编辑结合的模式（修改自 Lagarda 等，2015，以及 Chatterjee 等，2019）

图 8-6 中，MT 系统将源语言文本自动翻译成目标语言译文，自动译后编辑系统接受源语言文本和相应译文作为输入，输出其预测的经过编辑的译文，交给译后编辑人员进行最后的编辑。当译员编辑完一段文本后，译员的编辑操作会与相应的原文和 MT 译文一起被添加进译后编辑行为数据库。数据库更新后，自动译后编辑系统也需要基于更新后的数据库进行训练与更新，更新后的自动译后编辑系统接着处理下一段 MT 译文。具体的流程描述如下：

（1）自动译后编辑系统收到一个由源语言文本 src_{test}，MT 译文 mt_{test} 组成的二元组 (src_{test}, mt_{test})。

（2）检索由三元组（src，mt，hpe）组成的知识库 KB，其中 hpe 指的是译员在编辑 (src, mt) 时的操作，并计算各三元组中的 (src, mt) 与 (src_{test}, mt_{test}) 的相似度。将相似度大于事先设定的阈值的三元组提取出来，记作 (src_{top}, mt_{top}, hpe_{top})。

（3）用（src_{top}，mt_{top}，hpe_{top}）训练并更新自动译后编辑系统 M，获得更新后的 M^*。

（4）用 M^* 处理（src_{test}，mt_{test}），给出其预测的编辑行为 ape。

（5）译员收到 ape 后对其作出（或不加）修改，记作 hpe。

（6）用（src_{test}，mt_{test}，hpe）再对 M^* 做一次训练，更新为 M^{**}，并将这个三元组添加进 KB。

其中，第（2）步计算二元组的相似度的方法有多种选择。Chatterjee，Gebremelak，Negri 和 Turchi（2017）使用的是 TF-IDF（Term Frequency-Inverse Document Frequency）值。关于自动译后编辑系统所采用的具体模型，Yamada（2015）与 Chatterjee 等（2017）使用的是基于短语的方法，而 Negri，Turchi，Bertoldi 和 Federico（2018）则使用神经网络的方法。

Daniel 和 Jakob（2011）发现，这种在线自动译后编辑模式有许多优势。首先，译后编辑人员在某一个特定句子中的编辑行为往往也适合于相邻的句子，因为它们的上下文是相似的，MT 的错误类型也会相似。如果在线自动译后编辑能够很快地学习到译后编辑人员的行为规则，并将该规则应用于相邻的句子，就有可能有效地提高译后编辑速度。其次，如果 MT 系统采取增量训练的方式，其输出的译文质量也在不断变化，错误类型也随之变化。因此，译后编辑规则越新，其利用价值也越大。Lagarda，Ortiz-Martínez，Alabau 和 Casacuberta（2015）在多个领域实验在线译后编辑系统后发现，当领域的文献存在一定比率的短语重复率时，上述方法可以较大幅度地提高自动译后编辑输出质量。Chatterjee（2019）认为在线学习的模式要求在译员进行一次编辑操作后，系统能够很快地利用其进行训练并作出反馈，在这一点上基于短语的方法要比神经网络模型更有优势。

8.4　翻译质量评估与翻译质量预测

在译后编辑阶段，MT 输出的质量与人工译后编辑所需要的时间和精力密切相关。而采用人工判断 MT 的译文质量，也不能很快获得质量评测结果。因此，研究者们开发了两种类型的自动翻译质量评测方法（Kit & Wong，2015）：一种评测方法需要参考人工译文，称为翻译质量评估（Translation Quality Evaluation）；另一种方法不需要参考人工译文，称为翻译质量预测（Translation Quality Estimation）。

8.4.1　翻译质量评估

MT 领域已提出多种依赖于人工译文的翻译评估方法，以下仅介绍 BLUE 和 TER 两种在 MT 中常用的自动译文质量评估方法。这两种方法以人工译文为参考，通过考察机器译文与人工译文之间的相似程度来决定机器译文的质量。

BLEU 是由英文 BiLingual Evaluation Understudy（双语评价替代工具）中四个字母缩

略而成(Papineni, Roukos, Ward & Zhu, 2001)。给定 MT 输出结果 $T_{机器}$，以及多个人工参考译文集合 $T_{人工}$，BLEU 评价 $T_{机器}$ 的基本思路是通过比较 $T_{机器}$ 与 $T_{人工}$ 中共有的 n-gram 的数量来确定 $T_{机器}$ 的译文质量。其计算公式如下：

$$\text{BLEU} = BP \times \exp \sum_{n=1}^{N} w_n \log(p_n) \quad where \, BP = \begin{cases} 1, & if \, c > r \\ e^{1-\frac{r}{c}}, & if \, c \leq r \end{cases}$$

其中 c 和 r 分别是 $T_{机器}$ 和某一个人工参考译文的长度。考虑 c 和 r 的长度的目的是为了惩罚太短的机器译文，机器译文越短，BP 值越小。p_n 表示 n-gram(可以考虑为 1-gram、2-gram 或者 3-gram)的匹配值。计算方式为：

$$p_n = \frac{\sum_{C \in |T_{机器}|} \sum_{n\text{-}gram \in |C|} Count_{clip}(n\text{-}gram)}{\sum_{C \in |T_{机器}|} \sum_{n\text{-}gram \in |C|} Count(n\text{-}gram)}$$

其中 $Count_{clip}$ 计算在 $T_{人工}$ 中能够寻找到的 n-gram 的数量，$Count$ 计算在 $T_{机器}$ 中存在的 n-gram 的数量。

TER 是另外一种常用的译文质量自动评测方法，由 Snover, Dorr, Schwartz, Micciulla 和 Makhoul 等(2006)提出，其全称为 Translation Error Rate(翻译错误率)。这种方法通过计算 MT 输出结果 $T_{机器}$ 与人工参考译文集合 $T_{人工}$ 中某一个人工译文之间的编辑距离作为评价标准，其公式为：

$$\text{TER} = \frac{编辑数量}{人工参考译文的平均长度}$$

值得注意的是，由于 BLEU 和 TER 这两种自动译文评测方法都依赖于人工译文，而在实际的翻译过程中，在翻译未完成之前，人工译文是不存在的，因此，如何将 BLEU 和 TER 应用于译后编辑过程还有待进一步研究。

8.4.2 翻译质量预测

另一种对翻译质量进行自动评估的方法不需要参考人工译文，而由机器自动对 MT 译文的质量进行评估，这些研究被称为翻译质量预测(Translation Quality Estimation)。与翻译质量评估相比，翻译质量预测在译后编辑中能够发挥更大的作用。所谓翻译质量预测，就是在没有参考人工译文帮助的情形下，利用原文、译文以及其他相关特征来预测 MT 输出的质量(Kit & Wong, 2015)。在译后编辑中，翻译质量预测的一个重要作用是选择 MT 输出的结果或者不同的 MT 引擎，尤其是有多个 MT 引擎选择时，通过翻译质量预测筛选 MT 输出结果，可以有效提高译后编辑效率。例如，在网络计算机辅助翻译平台"云译客"提供的"机器翻译矩阵"(简称为"机翻矩阵")①，在从超过 40 种不同的 MT 引擎中选择最佳 MT 译文时，就包含了翻译质量预测模块。

---

① https://pe-x.iol8.com/#/home.

这类研究工作在 21 世纪初就开始了(Specia, Shah, De Souza & Cohn, 2013)。最早的翻译质量评估系统只能对 MT 译文做出二元分类：好或是差。后来逐渐发展成能够将 MT 译文分为多种类别或是对其打分。而具体操作的对象也从字词层面扩展到了句子层面，这也是将其应用在 MT+APE 模式时最常用的层面(Ive, Blain & Specia, 2018)。而文件层面的 MT 质量评估往往是对句子层面评估结果的平均(Chatzikoumi, 2019)。

字词层面的 MT 质量评估需要为 MT 译文中的每个词，包括词与词之间的位置，以及原文本中的每个词指定好或是差的标签。其中词与词之间的位置如果被标记为差，说明此位置需要添加内容。原文本中的词语如果被标记为差，说明该词被错译或是漏译。图 8-7 给出从英语译成德语的一个例子，英语原文在上，德语 MT 译文在下，中间是对 MT 译文进行人工编辑后的版本。

图 8-7　WMT 2018 字词层面 MT 质量评估训练用例

句子层面的 MT 质量评估需要预测整句 MT 译文的质量，通常要求系统预测人工编辑需要的时间，或是需要的编辑操作次数 HTER(Human Translation Error Rate)(Specia et al., 2018b)。值得注意的是，在句子层面上，虽然最终的 MT 质量评估系统不需要参考译文，但其训练过程还是用到了需要参考译文的评价指标等数据。文件层面的 MT 质量评估需要对整个文件的质量进行评分，并且标注出 MT 译文中出错的字词和段落。训练数据包括人工标注出的错误以及根据这些错误计算出的质量评分，但并不要求最终的系统在这两个指标之间保持一致，即系统预测的质量评分可以与根据系统标注出的错误计算得到的质量评分不一致。

在神经网络技术被应用到这个领域之前，翻译质量评估系统大多由两个模块组成(Specia et al., 2013)：特征选择模块和机器学习模块。前者从原文和译文中提取特征，交给后者完对 MT 译文的评分。特征主要有三类：复杂度、流畅度、忠实度。与复杂度相关的特征包括原文本的字符数量以及原文本在语言模型上的概率等；与流畅度相关的特征包括译文的字符数量以及译文在语言模型上的概率；与忠实度相关的特征衡量原文本的结构和语义有多少在译文中得到了体现，通常比较原文与译文的字词数量、实体数量等。

从理论上看，原文、译文以及原文与译文相关联的一些特征可以表征译文的质量。例如，原文的句子长度、结构复杂程度、所使用词语的频次与 MT 的译文质量相关，句子越长，结构越复杂，所用的词语频次越低，机器译文的质量可能越差；机器输出译文中 n-gram 的困惑度可以反映译文语言的流畅程度；原文与译文在长度方面的比值也可以反映译文的质量。在 Specia, Raj 和 Turchi(2010) 的研究中，以句子为单位预测机器译文质量，共使用了 74 种特征作为质量预测依据，这些特征大致可分为以下类型：

- 原文及译文句子的长度及长度比。
- 原文及译文句子的 3-gram 模型的概率以及困惑度(perplexity)。
- 原文及译文句子的词类/词例比率(type/token ratio)。
- 原文句子中词语的平均长度。
- 原文句子中所有 1-gram、2-gram 以及 3-gram 的频次在由单语语料库获取的各类字串频次中的位置。
- 译文句子中包含的没有完整匹配的括号或引号的数量。
- 译文句子中所有词语的平均出现频次。
- 原文和译文在 IBM-4 模型中的对齐分数以及不同类型词语对齐的比例(使用 GIZA++，在具体的统计机器翻译训练数据基础上计算获取)。
- 原文中所有词语的平均译文数量，并结合词语的出现频次加权计算。
- 原文和译文中数字、实意词语的占比。
- 原文和译文中表层符号(如括号、标点符号等)的错误匹配比例。
- 译文句子带词性标记的 3-gram 概率。

机器学习模块使用的技术包括支持向量机(Specia et al., 2010; Specia et al., 2013)、条件随机场(Avramidis, 2012)等。近年来，神经网络的方法也被应用于 MT 质量评估。与自动译后编辑领域的发展类似，研究者们使用不同的神经网络结构对文本进行编码解码，从双向递归神经网络编码器—解码器(Kim, Lee & Na, 2017)到 Transformer(Wang et al., 2018)。最新一届的 WMT 2019MT 质量评估子任务上，使用语境相关的预训练词向量如 BERT 及 XLM 等进行迁移学习成为了新的趋势(Fonseca, Yankovskaya, Martins, Fishel & Federmann, 2019)。"云译客"所使用的也是一个基于深度学习的翻译质量预测模型。

8.5 人工译后编辑

研究人工译后编辑过程的终极目标是实现在译员进行编辑之前，就能够预测译后编辑所需投入的时间与精力(Post-Editing Effort)(Daems, Vandepitte, Hartsuiker & Macken, 2015)。在此基础上译员就能够在译后编辑和直接翻译之间作出选择。从计算机辅助翻译角度看，人工译后编辑是译后编辑研究中最为复杂、知之甚少的环节。为实现这一目标，需要弄清译员在编辑过程中做出了哪些努力以及如何测量它们，需要研究如何通过源语言及 MT 译文中的信息对其进行预测。本节介绍以下两个方面的研究：

（1）哪些是译后编辑工作量的指标。

（2）MT 错误类型如何影响译后编辑工作量。

8.5.1　译后编辑工作量指标

Krings（2001）及 O'Brien（2006）最早对译后编辑工作量指标开展了系统性研究。Krings（2001）将译员在译后编辑过程中的工作量按三个维度进行区分：时间上的（Temporal）、技术上的（Technical）、认知上（Cognitive）的。本书分别将其译为工作时间、技术操作、认知负荷。

其中工作时间最容易理解，指译员完成译后编辑工作所花的时间，测量起来也很方便。编辑语言片段所耗费的时间能否作为估算编辑工作量的指标呢？Krings（2001）提出了"相对译后编辑精力（Relative Post-Editing Effort）"的概念，其实质是采用译后编辑完成译文所需要的时间和采用人工翻译完成所需要的时间的比率。相对译后编辑精力应该是一个介于[0，1]之间的数值，该数值越大，说明需要的编辑工作量越大，反之，需要的编辑工作量就越小。（O'Brien，2006）基于译后编辑精力的研究表明，译后编辑相对于人工翻译而言，速度更快。但是相对译后编辑精力最高的，并不是包含译文错误最多的 MT 译文，而是那些译文错误相对较多的机器译文。这是因为，如果译文错误很多，译后编辑人员会删除译文，而直接采用人工翻译方法。

技术操作统计的是译员在译后编辑过程中做出的具体操作，如删除、插入、重新组织等。早期测量技术操作是通过计算 HTER（Human-Targeted Edit Rate）值，但 Koponen，Aziz，Ramos 和 Specia（2012）认为译员在实际编辑过程中很可能做出无用操作，如修改之后又撤销，只计算最优路线的 HTER 无法反映这些操作。Daems 等（2015）也表达了类似的观点，认为 HTER 测量的是应有的操作数量，而不是实际的操作数量。所以后来的研究大多通过软件记录译员编辑过程中的击键行为及鼠标操作（Daems et al.，2015；Lacruz，Shreve & Angelone，2012）来测量译员在技术操作上的工作量。

工作时间和技术操作可以被直接测量，而认知负荷则只能通过间接手段来测量。对译后编辑工作量的研究也主要围绕认知负荷展开，接下来介绍对认知负荷及相应指标的研究。

认知负荷指的是译后编辑过程中译员完成推理与作出决策所承受的精神压力，通俗地讲，就是发现错误并改正错误所耗费的脑力。Krings（2001）提出认知负荷与技术操作作为一个整体会影响工作时间，因此有研究尝试通过测量工作时间与技术操作来反映认知负荷。Koponen 等（2012）测量了译员更正不同难度的 MT 错误的工作时间，发现难度越高，工作时间越长，而难度与认知负荷是挂钩的，因此他们认为工作时间可以作为测量认知负荷的指标。他们还指出技术操作并不能很好地反映认知负荷，因为较难的错误可能只需要较少的操作数量来修改。

除了通过工作时间、技术操作来反映认知负荷，研究者们还提出了其他方法和指标来测量认知负荷。早期的研究使用有声思维（Think-Aloud Protocols，TAP）、选择网络分析（Choice Network Analysis）、译员评分等方法。有声思维指让译员说出其编辑工作中的决策（Krings，2001），缺点是难以形式化、再利用。以下介绍选择网络分析（O'Brien，2006）以及其他近年来更多使用的指标，包括停顿、生产单元、凝视等。其中生产单元的定义依赖于停顿，而凝视则是随着眼追踪技术的发展被提出的一种指标。

8.5.1.1 选择网络分析

选择网络分析（Choice Network Analysis，缩写成 CNA）最早用于测量原文的翻译难度（Campbell，1999；Campbell，2006）。其基本假设是，对于同一个待翻译原文片段，该片段的对应译文类型越多，则翻译该原文片段所付出的认知努力也就越大，也越难以翻译。选择网络分析通过比较多位译员的翻译结果，构建出选择网络，并通过可选译文数量平均值来测量原文的翻译难度。O'Brien（2006）将 CNA 用于测量译文编辑工作量，具体步骤为：

（1）获取原文、MT 译文。

（2）多个译后编辑人员对译文进行译后编辑。

（3）由三名译员分析原文、机器译文以及译后编辑结果，确定每一个译后编辑操作的编辑工作量，然后依据上述信息画出选择网络。表 8-1 给出了按照上述方法制作的一个选择网络。其中原文为英语"Select the C Drive"，目标语言为德语。

表 8-1 选择网络示例

机器翻译译文	Wahlen Sie	das	C- Laufwerk	aus
译后编辑人员 1	Wahlen Sie	das	Laufwerk C	aus
译后编辑人员 2	Wahlen Sie	das	Laufwerk C	aus
译后编辑人员 3	Wahlen Sie	das	C- Laufwerk	aus
译后编辑人员 4	Wahlen Sie	das	C- Laufwerk	aus
译后编辑人员 5	Wahlen Sie	das	C- Laufwerk	aus
译后编辑人员 6	Wahlen Sie	das	Laufwerk "C"	aus
译后编辑人员 7	Wahlen Sie	das	Laufwerk C	aus
译后编辑人员 8	Wahlen Sie	das	Laufwerk C	aus
译后编辑人员 9	Wahlen Sie	-	Laufwerk C	-

O'Brien（2006）使用 CNA 调查了多种"不可译指标"的译文编辑工作量，并按高、

中、低三种类型区分了"不可译指标",如表8-2所示。

表 8-2 基于 CNA 的不可译指标区分

类型	不可译指标名称
高译文编辑工作量的不可译指标	动名词、语法结构错误、后置形容词短语、复数形式、非限定性动词、俚语、拼写错误、长名词短语、带小品词的动词、脚注、多介词结构、短语言片段
中译文编辑工作量的不可译指标	多并列结构、标点符号、被动语态、不完整句法单元、人称代词、破折号使用、带有歧义的并列结构、括号、专有名词、缺失"that"的从句
低译文编辑工作量的不可译指标	缩略词、指示代词、缺失"in order to"、紧缩结构

值得注意的是,这种方法有一个缺点:并非所有译员都能想到所有修改方法,也就是说一个词的不同修改方法数量较少可能是因为有些修改方法译员未想到。

8.5.1.2 停顿

多项研究表明,停顿与编辑工作量紧密相关(Krings,2001;O'Brien,2006)。当译员的两次操作之间相隔的时长超过一定阈值时,这段时间被认作一次停顿。阈值数值过大会导致漏掉对短时长停顿的统计,过小会导致将完整的编辑操作割裂(Lacruz, Denkowski & Lavie, 2014)。将该阈值设置为 300 毫秒,而 Daems 等(2015)则设置为 1000 毫秒。

O'Brien(2006)在研究文本的机器可译性(Machine Translatability)时尝试将停顿率(Pause Ratio)与选择网络分析结合起来,作为测量认知负荷的指标,但并没有找到有力的证据来证明这种关系。Lacruz 等(2012)认为这是因为停顿率未考虑每次暂停的平均长度,因此对认知负荷不够敏感,并介绍了平均停顿率(Average Pause Ratio):

$$平均停顿率 = \frac{平均停顿时长}{词均工作时长}$$

Lacruz 等(2014)还提出了与停顿相关的另一种指标:停顿对词比率(Pause To Word Ratio),其计算方式是:

$$停顿对词比率 = \frac{停顿次数}{词数}$$

例如,在编辑一个语言片段时,停顿的总时长为 80 秒,停顿次数为 20 次,那么其平均停顿比率为 80/20=4。平均停顿率越小,说明该语言片段所需要的编辑工作量越大。其基本思想可以解释为:在编辑过程中,语言片段需要的编辑工作量越大,译后编辑人员需要进行短暂停顿的次数也就越多。表 8-3 给出的例子很好地说明了停顿与编辑工作量之间的关系。其中,示例 C 的平均停顿时长最短,需要的编辑工作量最大。Daems 等

(2015)对实验数据的分析显示，MT 错误的增加会导致停顿率与平均停顿率减小。

表 8-3 平均停顿率示例(设译后编辑完成时间为 80 秒)

实例序号	停顿 1 秒次数	停顿 20 秒次数	停顿总次数	停顿时长	停顿率	平均停顿时长
A	0	2	2	40	2	20
B	20	1	21	40	2	1.9
C	40	0	40	40	2	1

8.5.1.3 生产单元

译员在两次停顿之间进行的编辑操作被认为是一个生产单元(Production Unit)(Daems et al., 2015)。他们通过计算译员在一段源语言文本 s 上的平均生产单元数来测量认知负荷：

$$平均生产单元数 = \frac{译员在 s 上的生产单元数量}{s 包含的词数}$$

Lacruz 等(2014)从直觉上认为生产单元次数的增加反映的是认知负荷的提高，但 Daems 等(2015)对此持保留态度，因为像拼写这种简单的错误可能需要相当多的生产单元来更正，但对认知的要求并不高。他们的实验也证明认知负荷越高，平均生产单元数就越低。

8.5.1.4 凝视

根据 Just 和 Carpenter (1980)提出的眼—大脑假说(Eye-Mind Hypothesis)，人的眼睛在看什么，大脑就在处理什么内容。所以有些研究就假设凝视一段文本的时长反映了该文本对译员认知负荷的要求。Doherty 和 O'Brien (2009)对凝视的定义是至少需要注视一段文本 100 毫秒。

Jakobsen 和 Jensen (2008)证明当任务的复杂度上升，即由阅读变为翻译时，平均凝视时长增加，凝视次数增多。Doherty 和 O'Brien (2009)发现差的 MT 译文比好的 MT 译文需要更多的凝视次数，但两者所需的平均凝视时长并无显著差异。译员在一段文本 s 上的平均凝视时长的计算方法如下：

$$平均凝视时长 = \frac{在 s 上的总凝视时长}{在 s 上的凝视次数}$$

8.5.2 MT 错误分类及其对译后编辑工作量的影响

8.5.2.1 MT 错误分类

在 MT 领域，研究者对 MT 错误进行分类是为了改进 MT 系统，而译后编辑领域的研究者研究 MT 错误的分类是因为不同类型的错误对译后编辑工作量的影响是不一样的（Krings，2001）。为了弄清楚哪些错误会要求最多的工作量，就需要对 MT 错误进行分类。

Vilar，Xu，Luis Fernando 和 Ney（2006）为了更好地评价 MT 译文，将英汉 MT 错误分为五类：漏词、词序、词语使用不当、未知词、标点符号，这五类下面又有更细致的分类，如图 8-8 所示。

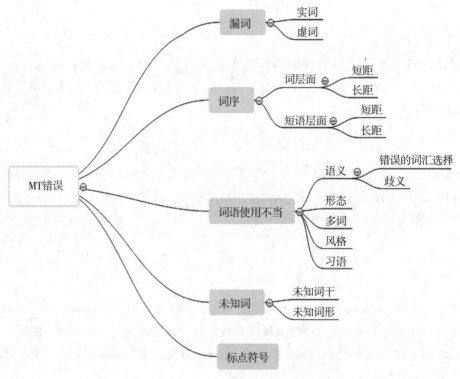

图 8-8　Vilar 等（2006）对 MT 错误的分类

图 8-8 中的分类被很多译后编辑研究领域的研究者参考并修改为适应自己研究目的的版本，其中较为粗略的有 Federico，Negri，Bentivogli 和 Turchi（2014），他们将 MT 错误分为四类，包括重新排序、用词不当、漏词、词语形态。Temnikova（2010）的修改则更为细致，他按照译员在译后编辑时做出的具体操作对图 8-8 中的分类加以修改，并按译者修改错误的难度对错误类型排序，排序结果如表 8-4 所示。表 8-4 中从 1 到 10 难度依次变高，1 属于形态类错误，2、3 属于词汇类错误，7-10 属于句法类错误。Temnikova 通过对俄语、西班牙语、保加利亚语的实验证明这种排序对不同的语言应该有不同的结果。

表 8-4　Temnikova（2010）对 MT 错误的分类及排序

错误排序	错误种类
1	正确的词，但形式（曲折变化）错误
2	错误风格的近义词
3	错误的词
4	多词
5	漏词
6	习语翻译有误
7	错误的标点
8	漏标点
9	词层面的词序错误
10	短语层面的词序错误

Koponen 等（2012）在 Temnikova（2010）分类的基础上添加一类大小写（拼写）错误，并将其视为最简单的一类。他们的实验显示译员对习语、标点、词序类错误的编辑时间更长，这与 Temnikova 的排序是一致的。但他们还发现多词和标点（包括错译及漏译）类错误所需的编辑时间相对较短，认为 Temnikova 对这些错误的排序需要调整。

Costa, Ling, Luís, Correia 和 Coheur（2015）根据语言学概念对 MT 错误进行了分类，包括拼写、词汇、语法、语义、篇章五类错误。他们还按是否与具体语言相关对 MT 错误作出了区分。其中，仅出现在部分语言中的 MT 错误有大小写和变体（Variety）。汉语和阿拉伯语等语言不存在大小写之分，因此当目标语言是这些语言时不会有大小写类错误。变体类错误仅适用于涉及美式/英式英语或欧洲/巴西葡语的情况。此外，关于语法的 MT 错误因语言而异，不可概而论之。

李梅和朱锡明（2013）从 10 万句对的英汉双语平行语料库中随机抽样 100 句后，采用华建英汉翻译系统进行了翻译，并通过与平行语料库中的译文进行比较，调查其中的错误类型后发现，词汇错误占 70%，句法错误占 26.8%，其他错误（如符号）占 2.3%。而在句法错误中，高居榜首的是词序，占 35.8%。从这些研究看，词序是 MT 译文的系统性问题，但是还不明确这类问题是否也是影响翻译编辑效率的主要问题。崔启亮和李闻（2015）基于自身从事译后编辑工作的经验，以科技文本的英汉翻译为例，将 MT 错误分为 11 类。具体包括术语翻译错误、形式错误、格式错误、短语顺序错误、欠译和过译、多译和漏译、冗余、词性判断错误、从句翻译错误、短语顺序错误、受英汉句子结构的束缚。

以上分类方法大多是根据语言学概念作出的分类，显得具体而繁多，即使有些研究将某些类别合并，也没能脱离这个框架。接下来介绍的分类方法在此基础上从更抽象的角度，即按译员从事译后编辑工作时参考的信息来源对 MT 错误进行了分类。

Lacruz 等(2014)从译员修改机器译文的依据这一角度对 MT 错误作出分类，不需要参考原文本就能修改的被称作机械类(Mechanical)错误，需要参考原文本才能修改的被称作迁移类(Transfer)错误。在这一层次的分类下又分为五类：错译、省略或添加、句法、词语形态、标点。需要注意的是这五类错误需视语境分为机械类或迁移类，比如大多数省略或添加类错误属于迁移类，但当文本与食物有关且译文包含短语 fish chips 时，译员不需要参考原文就能将其修改为 fish and chips。Lacruz 等人认为前三类，即错译、省略或添加、句法类错误比后两类对译员要求的认知负荷更高。

Daems, Macken 和 Vandepitte (2013)按照翻译标准(Norms)将 MT 错误分为两类，第一类是只需要观察原文本就能发现的错误，称作不通顺(Acceptability)类错误，包括语法和句法、用词不当、拼写、语域风格、连贯；第二类是需要对比原文和译文才能发现的错误，称作不忠实(Adequacy)类错误，包括歧义、术语不一致等。Tezcan(2018)提出了相似的分类方法，但使用了不同的术语——fluency 和 accuracy 来描述。

很多研究者(Temnikova, 2010; Costa et al., 2015; Tezcan, 2018)都指出，由于语言、文本类型、翻译目的等因素的影响，某些 MT 错误换个情景就可能不再被视作错误或是被分到不同的类别去，因此对 MT 错误的分类并无绝对的标准。

8.5.2.2 MT 错误对不同指标的影响

影响度量工作量的指标的因素太多，比如说译员差异(Koponen et al., 2012)，文本类型、主题的差异、翻译目的的差异、MT 系统的差异等，但大多数研究都是围绕 MT 错误这项因素展开的。Temnikova (2010)在对 MT 错误进行分类时给出了各 MT 错误的难度排序(见表8-4)，此后的很多研究都参考了这种排序，也提出了一些修改建议，但对于具体任务中哪些语言现象的错误更难仍没有一定之规。最近的研究多是汇报 MT 错误与各指标的联系，因此这里主要从宏观和微观两个角度介绍 MT 错误对能够反映认知负荷的各指标，即涉及时间、停顿、生产单元、凝视的指标的影响。

宏观上，Lacruz 等(2014)认为迁移类 MT 错误比机械类 MT 错误对认知负荷的要求更高。但 Daems 等(2015)分析得出结论，不忠实类 MT 错误与译后编辑工作量各指标的联系不够紧密，不通顺类 MT 错误能够很好地预测各指标。尽管使用的术语不同，但在各自的定义中，迁移类 MT 错误对标不忠实类 MT 错误，而机械类 MT 错误则与不通顺类 MT 错误相近。两份研究在相似的分类上得出了相反的结论，Daems 等(2015)解释这是因为其对 MT 错误的分类虽与 Lacruz 等(2014)的分类非常相似，但终究不同。Daems 等(2015)的分类依据是译员发现错误所用到的信息，而 Lacruz 等(2014)的分类依据是译员发现并修改错误所用到的信息，这种差异可能是导致不同结论的原因。

在微观上，Lacruz 等(2014)发现，平均停顿率的一种替代、停顿对词比率(Pause to Word Ratio)与错译(Mistranslations)、结构性错误、插入和删除之间联系紧密。对于时间，Koponen 等(2012)将编辑操作与错误类型对应起来，发现词层面上的错误更花时间。

而根据 Daems 等(2015)，MT 错误(尤其是不通顺类)的增多会导致词均工作时长的增加，连贯与结构错误对其影响最大。对于生产单元，Daems 等(2015)发现 MT 错误(尤其是不通顺类)的增多会导致生产单元数量的增加。对于凝视，Daems 等(2015)发现对认知负载要求更高的错误类型(如连贯及错译)对平均凝视时长、次数以及词均工作时间的预测更好。错译会导致平均凝视时长显著增加，而连贯会导致平均凝视次数显著增加，这是因为修改连贯性问题需要译者重复回看。

8.6 译后编辑行为模式

在可见的未来，MT 在翻译中的主要应用形式是译后编辑。译后编辑在操作上较为简单，主要是对机器翻译输出的译文进行修改，然而在技术上涉及 APE、自动 MT 质量评估以及译后编辑人员工作量控制等问题，其中译后编辑人员工作量控制与译员所采取的编辑行为密切相关。译后编辑行为与传统的翻译行为在认知过程、翻译质量要求、技能要求等方面存在不同。Krings(2001，p. 360)认为译后编辑能力与传统翻译能力之间的关系如图 8-9 所示。传统翻译能力(包括源语言知识与能力、目标语言知识与能力以及领域知识)是译后编辑能力不可缺少的组成部分，但译后编辑能力还应该包含其他能力。卢植和孙娟(2018)采用眼动实验发现传统翻译和译后编辑在认知加工方面存在如下差异：(1)译后编辑明显快于人工翻译，译后编辑时的注视时长少于人工翻译，译后编辑时的瞳孔直径也小于人工翻译，且两者均呈现显著性差异。(2)人工翻译时对原文的注视时长多于译后编辑，且差异显著。(3)文本类型的主效应显著，影响译者在译后编辑过程中的认知努力。(4)受试水平的主效应边缘显著，译后过程受语言水平的影响较小。

图 8-9　译后编辑能力与传统翻译能力之间的关系

(1)如何区分"狭义译后编辑"和"广义译后编辑"？
(2)影响译后编辑工作量的因素有哪些？
(3)哪些 MT 错误类型对译后编辑工作量的影响最大？哪些影响相对较少？

第九章　正则表达式

在信息技术领域有许多伟大的发明，如互联网、Unix 操作系统、面向对象、XML 等，正则表达式（Regular Expression）也是其中的一项重要发明。正则表达式具有伟大发明的一切特点，它简单、优美、功能强大、妙用无穷。对于很多实际工作而言，正则表达式简直是灵丹妙药，能够成百倍地提高工作效率。正则表达式的功用不仅仅局限在计算机程序开发领域，在其他涉及语言文字或者符号信息处理的相关领域，它都可以发挥作用，大幅度提高工作效率，翻译领域当然也不例外。在翻译预处理、后处理、翻译记忆库的构建、质量检查翻译等过程中，都可以通过应用正则表达式提高翻译效率。因此，有必要在计算机辅助翻译课程中专门学习正则表达式。

9.1　什么是正则表达式

对于语言工作者来说，正则表达式可能是一个陌生的概念，但是理解和学习正则表达式却并不困难。正则表达式在本质上就是一种简单的语言。与自然语言相比较，正则表达式在词汇数量上要少得多，语法也更为简单，且不存在歧义，功能表达也非常有限。

通过将正则表达式与自然语言进行类比，有助于快速掌握正则表达式的结构和功能。自然语言如中文、英语等是人类交流的工具，其所具有的一个重要功能就是对客观世界的描述。如例 9-1 中的汉语句子就是汉语中对图 9-1 中的客观世界的描述。其中词汇"腊梅""树枝"是对图中事物的描述，"白色""绽放"是对"腊梅"状态的描述，"在……上"表述了"腊梅"与"树枝"之间的关系。

例 9-1

白色的腊梅在树枝上绽放。

图 9-1　语言描述世界的功能

类似地，正则表达式也用于描述客观世界，但只局限于其中的极小部分——文本中的符号以及符号之间的关系。在文本中，符号之间也存在各种关联。如图 9-2 的文本中的任何一行可以用自然语言描述为"一串数字、一个制表符和一串有空格的英文字母构成的一个序列"。这一描述也可用例 9-2 中的正则表达式描述。其中"[0-9]+"对应自然语言中的"一串数字"，"\t"对应制表符，"[a-z\s]+"对应"包含空格的连续英文字串"，三者的关系为从左至右的顺序关系。

图 9-2　文本中符号关系示例

例 9-2[①]

[0-9]+\t[a-z\s]+

从上面的例子可以看出，正则表达式通过使用其特定的一些符号来描述文本中符号的特征、符号之间的关系以及符号出现的先后顺序。这种功能与自然语言描述客观世界的功能是一致的。因此，在理论上，正则表达式也可以看作自然语言的一个子集，其功能仅用于描述文本特征。

---

① 　为了区分，本章规定正则表达式一律位于灰色背景的方框中。

9.2　正则表达式的使用

正则表达式的主要功能是描述文本的特征，包括符号以及符号之间的关联。那么，为什么在翻译过程中需要这一功能呢？可以从两个层面回答这一问题。

从较低的层面上来说，利用正则表达式的这一特征，可以完成对文本的搜索、替换、删除、插入等操作功能。文本的搜索、替换、删除、插入等是翻译工作中经常执行的操作。例如，在译稿校对过程中，如果发现术语翻译存在不一致问题，就需要找出译文中某一术语所有出现的位置，或者找出某一术语翻译，然后进行统一替换，这一过程中就涉及搜索和替换操作。又如在翻译过程中一些输入错误的检查和更正。例如在键入时常用词语的重复，如"the the""hat that"等。利用正则表达式可以迅速查找、定位失误存在的位置，并予以更正。正因为如此，许多计算机辅助翻译软件也支持使用正则表达式。在 SDL Trados Studio 的质量检查中就支持使用正则表达式查询和更正错误。除此之外，许多文本编辑器和文字处理软件都支持使用正则表达式对文本进行搜索、替换等操作。常用的文本编辑器，如 EditPlus、UltraEdit、Vi、Notpad++ 等都支持使用正则表达式进行搜索和替换。如果要进行多文本搜索和替换，可以使用 PowerGrep。

从较高层面上来说，正则表达式容许使用者掌控自己的数据，让它们为自己服务。孟岩在《精通正则表达式（第三版）》的推荐序中说道："因为正则表达式处理的对象是字符串，或者抽象地说，是一个对象序列，而这恰恰是当今计算机体系的本质数据结构……描述了结构，就等于描述了系统……以其价值而言……值得所有知识工作者去了解。"翻译工作者日常处理的就是字串，日常工作在本质上就是对字串的转换和操作。因此，对于翻译工作者而言，理解和掌握正则表达式，就是掌握了一种可以处理和操作自己数据的终极武器，充分利用其所具有的强大功能，可以成百上千倍地提高工作效率。

9.3　正则表达式的结构与功能

正则表达式在本质上是一种具有特殊功能的语言。在学习自然语言中被证明是高效的学习方法也可以应用于正则表达式的分析、理解和学习。当代语言学研究认为，自然语言中大部分的句子是通过"组块"构成的。"组块（Lexical Chunk）"是比词汇更大的语言单位，其结构相对固定，语义和语用功能也相对固定，将多个组块进行组合，就可以构成一个功能相对完整的句子。对于正则表达式而言，通过分析和理解正则表达式中的一些常用"组块"，一方面可以理解正则表达式的一般结构和语法特征，另一方面可以快速地掌握正则表达式，减少语言学习的负荷，并在翻译工作中得到迅速应用。

我们将正则表达式中的"组块"称为"模块单元"。模块单元内部结构都相对简单，但是它们采用多种形式进行组合，服务于某一特殊目标。

9.3.1 与行的起始、结束相关的模块单元

可以使用正则表达式查找和定位行首或者行尾的一些文本或符号。在一些情况下我们需要查找一些行首存在的语法格式失误，如首字母是否大写。例如，假设我们需要确定行首中是否存在没有大写的"this"，则可以使用例 9-3 中的正则表达式。有时我们需要查找行尾出现的一些格式错误。例如，在英语中，以逗号（","）结尾的一行应被视为一种格式错误。这种错误可以使用例 9-4 中的正则表达式搜索和定位。

例 9-3

`^this`：匹配以 t 作为一行的首字母，后跟字串"his"

例 9-4

`,$`：匹配以","为一行结尾的文本

例 9-3 和例 9-4 中给出的正则表达式是较为基本的模块单元，其中的字符如"this" ","可以根据具体的目标予以替换。在这一模块单元中，需要记忆的知识点是：匹配行首使用脱字符 ^，匹配行尾使用美元符号 $ 。

9.3.2 字符类型组相关单元

查找一些由特定词语和（或者）数字组成的字串是翻译过程中经常面临的任务。正则表达式不仅能够提供基于精确匹配的搜索，而且可以提供对某一类现象进行搜索和替换。在这一类操作中，通常使用 [ ] 来描述具有相似特征的文本。例如，如果需要浏览和确定译文中所有的数字翻译是否符合规范，就可以使用例 9-5 所示的模块单元定位所有自然数。例 9-6 中的表达式可以匹配所有包含一个或者多个大写字母的文本。此外，有些文本中有很多缩略词，应用这一模块单元，可以帮助我们查找缩略词，以检查其翻译的准确性。

例 9-5

`[0-9]+`：匹配所有的由 0-9 组成的自然数。

例 9-6

`[A-Z]+`：匹配一个或者多个大写英文字母组成的文本。

在搜索中我们不仅需要寻找一些我们想要找到的字串，有时也需要逻辑上的"否"功能，即排除一些我们不希望在文本中出现的字符。例如，在英文写作过程中，可能提出由如下问题构成的一个具体情境：词语"derive"后面是不是总是紧跟介词"from"？是否存在其他搭配模式？为此，我们需要查找那些"derive"后没有使用"from"的句子。使用

例 9-7、例 9-8 可以找到这些句子。

例 9-7

`derive\s[^f]` ：匹配在"derive"之后不以字母 f 开头的所有文本。

例 9-8

`derive\s(?!from)` ：匹配在"derive"之后不紧跟字串"from"的所有文本。

需要注意的是，例 9-7 和例 9-8 中的两个正则表达式所匹配的文本的范围是不同的，其中例 9-7 匹配的范围和数量在理论上要大于例 9-8 匹配的范围。例如"derive for"就可以被例 9-8 匹配而不会被例 9-7 匹配。因此，应用上述两种模块单元进行检索，例 9-7 所排除的实例要多于例 9-8 所排除的实例，例 9-8 能更准确地实现想要达到的搜索目标。在使用正则表达式的过程中，如何精确描述查找的范围，不包含多的实例，同时也不遗漏符合条件的实例，是一直需要面对的矛盾，需要在两者之间寻找到一种平衡。

在许多文本中，存在中英混排的现象。有时需要清除其中的英文字符。这时使用正则表达式可以很容易实现这一目标。使用例 9-9 可以匹配大部分的英文字符，例 9-10 则可以匹配所有的汉字。

例 9-9

`[a-zA-Z,.?! '"]` ：匹配所有的英文大小写字母和六种标点符号。

例 9-10

`[\u4E00-\u9FFF]` ：匹配 utf-8、utf-16 和 gb2312 等编码形式文件中的汉字。

本部分的知识点包括以下三个方面：

(1) 位于元字符 [ ] 之中的字符构成一个字符集合。匹配过程中找到该集合中的任一字符，即可视为匹配成功。

(2) 元字符 + 表示"之前紧邻的元素出现一次或多次"。

(3) `(?!from\s)` 表示向右环视，寻找不包含 `from\s` 的文本。

9.3.3 搭配相关模块单元

翻译过程中可以借助语料库确定某一些词语的搭配用法。以"derive"为例。一般性语法知识认为该词需要与"from"搭配使用。然而，该词使用的具体搭配模式是怎样的呢？是"derive sth. from"，还是"derive from"，还是这两种模式都可以使用呢？为此，可以通过例 9-11 给出的正则表达式在语料库中寻找相关的例句。值得注意的是，这里匹配的内容比真实的"derive... from"搭配实例范围要大一些。因为例 9-11 可以匹配任意多的字串，这样就可能包含两个句子的情况，其中一个句子出现"derive"，另外一个句子出现"from"。

例 9-11

`derive.*from` ：匹配所有"derive"和"from"同时出现的一行。

词语的搭配问题还存在左边搭配和右边搭配的问题，如否定词的使用问题。在现代英语中，否定词一般位于被否定的动词之前（或按照从左至右的顺序，位于动词的左边）。那么，如何表述"否定词位于动词左边"这一格式特征呢？这一特征可以通过正则表达式的"环视"功能实现。如例 9-12 中，表达式 `(?<=not\s)` 表示从词语"care"的左边寻找否定词"not"。利用正则表达式的环视功能，也可以表述在"care"的右边寻找否定词，如例 9-13。"环视"与"not care""care not"之间的区别在于匹配的结果。如果采用"环视"，那么其匹配结果中不包含" `not\s` "，而采用"not care"和"care not"的匹配结果中包含表达式中所有内容。例 9-14 则可用来错误断行。

例 9-12

`(?<=(not|n\'t))\scare`：匹配在"care"左边使用否定词"not"。如："They will not take care to overrun their income."

例 9-13

`care\s(?=not\s)`：匹配在"care"右边使用否定词。如："They will take care not to overrun their income."

例 9-14

`(?<=[a-z])\r\n(?=[a-z])`：在 Windows 系统中匹配以小写字母开头的行。这一语句在整理由 PDF 转换过来的语料时可用。

日期是语言中的重要信息。在翻译过程中需要确定其准确性，为此，可以使用正则表达式查找各种日期的表示形式。如例 9-15 中的表达式可以作为"2003 年 9 月 3 日"的部分表示形式。

例 9-15

`2003.9.3`：匹配"2003/9/3""2003-9-3"以及"2003.9.3"等时间表述形式。

9.3.4　词语的多种形式与译文的一致性

同一个词语可能存在多种形式，这在存在词形变化的语言中更为明显。例如，由于历史原因，有些词语可能存在不同的拼写形式，如"灰色"在英语中存在"gray"和"grey"两种拼写形式。此外，英语中的名词、动词以及形容词等，除了基本形式外，还会依据语法需求使用具有曲折变化的形式。如"take"的曲折变化形式还有"took""take""taken"以及"taking"。在翻译质量检测过程中，有时需要考察某一个特定词语的译文的一致性。这时需要搜索该词语的所有可能形式。通过结合使用小括号()和逻辑"或(|)"，可以描述词语出现的多种形式，如例 9-16、例 9-17。

例 9-16

`(gray|grey)`：匹配英语中词语"灰色"的两种拼写形式：gray 和 grey。

例 9-17

（take|takes|taken|took|taking）：匹配英语中词语"take"的各种曲折变化形式。

此外，也可以使用元字符 ? 表示可选项。把它加在一个字符的后面，就表示此处容许出现这个字符，不过它的出现并非匹配成功的必要条件。如例9-18中，? 在字母 u 之后，表示如果 o 之后出现 u，匹配是成功的。然而，如果其后不出现 u，匹配也是成功的。由此，该表达式可以匹配"color"或者"colour"两种不同的文本。

例 9-18

colou?r：匹配词语"颜色"在英式英语和美式英语两种英语方言中的不同拼写形式。

本部分的知识点是：小括号（A|B）在正则表达式中由 A、B 两个字串构成的集合，匹配时其中任一匹配成功即可；竖线元字符 | 表示逻辑"或"。

9.3.5 词语的重复

在英语写作或翻译过程中，经常出现"the the"这样的词语重复失误。这样的错误可以使用正则表达式中的量词描述。正则表达式中有四种数量的描述方式："+""*""?"以及"{m, n}"，如例9-19、例9-20 和例9-21。

例 9-19

(the\s)+："the\s"这一形式出现一次或多次。

例 9-20

(the\s)*："the\s"这一文本形式出现任意多次或者不出现。

例 9-21

(the\s){2}："the\s"这一文本形式出现 2 次。注意有些工具不支持区间量词。

在自然语言中，可以使用代词来指代(或引用)之前(或之后)提及的事物或事件。正则表达式也具有这样的功能。使用小括号 () 可以"记住"它们包含的子表达式匹配的文本，并且可以使用反向引用(如 \1)来使用先前匹配的文本。反向引用可以类比自然语言中的代词。在正则表达式中，使用反向引用引用之前匹配到的子表达式。

如在例9-22 中，使用括号可以记忆 the\s 子表达式，然后在表达式后部使用\1 引用这一部分，从而使得整个表达式匹配的结果为"the the"。使用例9-23 中的表达式，则可以匹配到例9-24 中的文本。在正则表达式中，使用\1、\2、…可以顺序反向引用表达式之前用小括号标识的子表达式。

例 9-22

(the\s)\1：匹配"the the"。

例 9-23

`(the\s)(desk\s).*\1\2`

例 9-24

...the desk is exactly the desk you need...

9.3.6　翻译赘余

在日常翻译任务中，缺少经验的翻译人员常常会出现"同义堆叠"等问题。翻译时并不注意，需要修改时逐个查找效率较低，可用正则表达式进行查找。如例 9-25、例 9-26 及例 9-27。

例 9-25

在……方面取得成功：本应为"succeed in"，却翻译为"achieve success in"，可使用表达式 `achiev(e|es|ed|ing) success in` 进行查找替换。

例 9-26

调查：本应为"investigate"，却翻译为"make an investigation of"，可使用表达式 `(make|makes|made|making) an investigation of` 进行查找。

例 9-27

female businesswoman, female policewoman 等"同义堆叠"问题，可使用表达式 `female [a-z]*woman` 进行查找修改。

9.3.7　字符的转义

如果需要匹配的某个字符本身就是元字符，那么就需要通过转义方法，消除元字符的特殊含义，使其成为普通字符。即在元字符前面加一个反斜线作为"转义符"，如例 9-28。匹配反斜线自身就必须使用两个反斜杠(\\)来表示。

例 9-28

`\.`：匹配英语中的句号或圆点。

9.3.8　正则表达式注意事项

(1)转义字符的反斜线为"\"，不是"/"。

(2)正则表达式[ ]中只匹配一个字符，且其中的字符默认为普通字符，没有正则表达式的特殊字符的含义。

(3)表达式 123456789|456|45 中将"|"的左右看成整体，即使没有( )。

(4)对于以元字符转为大写为最反义，字符组中加"^"取反义。详见表 9-1 与表 9-2。

(5)元字符\s 包括"_"(空字符)、"\f"(换页符)、"\n"(换行符)、"\r"(回车符)、

"\t"(制表符)、"\v"(垂直制表符)共 6 种显示为空的字符,进行替换时需注意,如果仅仅匹配空字符,可使用"_+"表示。

9.4 常用正则表达式对应表

表 9-1 常用的元字符

代码	说　　明
.	匹配除换行符以外的任意字符
\w	匹配字母、数字、下画线或汉字
\s	匹配任意的空白字符(包括空格、制表符等)
\d	匹配数字
\b	匹配单词的开始或结束
^	匹配字串的开始
$	匹配字串的结束

表 9-2 常用的反义代码

代码	说　　明
\W	匹配任意不是字母、数字、下画线、汉字的字符
\S	匹配任意不是空白符的字符
\D	匹配任意非数字的字符
\B	匹配不是单词开头或结束的位置
[^x]	匹配除了 x 以外的任意字符
[^aeiou]	匹配除了 a、e、i、o、u 这几个字母以外的任意字符

1.正则表达式是一种语言吗?与自然语言相比较,正则表达式有哪些特点?
2.在哪些翻译活动中需要使用正则表达式?
3.正则表达式可以提高工作效率吗?请举例说明。

附录 Ⅰ SDL Trados Studio 2015 支持的文件类型

下表给出了 SDL Trados Studio 2015 所支持的文件类型。

类别	文件类型名称	后缀名	说明
SDL Trados 内部文件	SDL XLIFF	*.SDLXLIFF	符合 OASIS XLIFF 1.2 标准的中间双语文件格式，用于储存有相关信息的全部或部分已翻译内容
	TRADOStag	*.TTX	该文件包含创建此文件所用原始文件的完整路径名
	SDL Edit	*.ITD	SDL Edit 文件类型的设置
	Trados Translator's Workbench	*.DOC，*.DOCX	该文档储存了双语内容的 Microsoft Word 文档
Microsoft Office 文件	Microsoft Word 2000-2003，2007-2013，2007-2016	*.DOC、*.DOT、*.DOCX、*.DOTX、*.DOCM、*.DOTM	不同版本的 Microsoft Word 文档
	Microsoft PowerPoint XP-2003，2007-2013	*.PPT、*.PPS、*.POT，*.PPTX、*.PPSX、*.POTX、*.PPTM、*.POTM、*.PPSM	不同版本的 Microsoft PowerPoint 文档
	Microsoft Excel 2007-2013，2000-2003	*.XLS、*.XLT、*.XLSX、*.XLTX、*.XLSM	不同版本的 Microsoft Excel 文档

续表

类别	文件类型名称	后缀名	说明
Adobe	Adobe FrameMaker 8-13 MIF	*.MIF	从 FrameMaker 8-11 导出的 MIF 文件类型,对于其中的可译字串可以进一步设置
	Adobe InDesign CS2-CS4 INX, Adobe InDesign CS4-CC IDML	*.INX、*.IDML	InDesign CS-2-CS4 INX 文件,更新版本的是 InDesign CS4-CC IDML 文件,用于指定定义 IDML 文本结构的段落格式
	Adobe InCopy CS4-CC ICML	*.ICML	
	PDF	*.PDF	PDF 文件类型格式
Open Document Files	OpenDocument Text Document	*.ODT、*.OTT、*.ODM	
	OpenDocument Presentation	*.ODP、*.OTP	OpenDocument 文本文档和演示文档
	OpenDocument Spreadsheet	*.ODS、*.OTS	OpenDocument 电子表格
XML 文件	Microsoft.NET Resources	*.RESX	Microsoft.Net 资源文件
	OASIS DITA 1.2 Compliant	*.XML、*.DITA	符合 OASIS DITA 1.2 规范的数据文件
	XTHML 1.1 HTML 5、HTML 4	*.HTML、*.HTM	网页文件
Java Resources	Java 资源文件	*.PROPERTIES	
	Rich Text	*.RTF	富文本格式文件
	Text	*.TXT	纯文本格式文件

附录 II 质量检测工具调查

本列表翻译自 Makoushina（2007）。

检测类型	Déjà vu	SDLX QA Check	Star Transit	Trados QA Checker	Wordfast	ErrorSpy	QA Distiller	XBench
句段层面检查								
空翻译句段	√	√		√		√	√	√
未翻译句段		√		√		√	√	
忽略句段				√			√	
部分翻译句段		√				√	√	
不完全翻译句段		√		√			√	
损坏字串		√		√			√	
不一致句子统计		√						
不一致检查								
源语言不一致						√	√	√
目标语言不一致	√	√		√		√	√	√
标点符号检查								
句段结尾标点		√		√		√	√	
句中空格		√				√	√	
双空格		√		√	√	√	√	
双圆点		√		√		√	√	
双标点符号		√				√	√	
引号						√	√	
问号						√	√	
括号				√		√	√	
数字检查								
数值	√		√	√	√	√	√	√
数字格式			√			√	√	

续表

检测类型	*Déjà vu*	SDLX QA Check	Star Transit	Trados QA Checker	Wordfast	ErrorSpy	QA Distiller	XBench
度量单位转换							√	
数字到文字转换						√	√	
术语检查								
项目术语一致性	√	√	√		√	√	√	√
可识别的不可译字串						√	√	
标记检查								
相同标记	√		√	√		√	√	

参 考 文 献

Achananuparp, P., Hu, X. & Shen, X. The Evaluation of Sentence Similarity Measures. Paper Presented at the Proceedings of the 10th International Conference on Data Warehousing and Knowledge Discovery, Turin, Italy, 2008.

Ahrenberg, l. Alignment. In: S. -w. Chan (Ed.). Routledge Encyclopedia of Translation Technology. London and New York: Routledge, 2015:395-409.

Arthern, P. J. Machine Translation and Computerized Terminology Systems: A Translator's Viewpoint. In: B. M. Snell (Ed.). Translating and the Computer. North-Holland Publishing Company, 1979.

Austermuhl, F. Electronic Tools for Translators = Yi zhe de dian zi gong ju (Di 1 ban. ed.). Beijing: Foreign Language Teaching and Research Press, 2006.

Avramidis, E. Quality Estimation for Machine Translation Output Using Linguistic Analysis and Decoding Features. Paper Presented at the Proceedings of the Seventh Workshop on Satistical Machine Translation, 2012.

Bahdanau, D., Cho, K. & Bengio, Y. Neural Machine Translation by Jointly Learning to Align and Translate. (arXiv:1409.0473 [cs.CL]). ArXiv, 2014.

Balkan, L. Computer-Aided Translation Technology: A Practical Introduction (Vol. 18). Kluwer Academic Publishers, 2004:349-352.

Béchara, H., Y., M. & van Genabith, J. Statistical Post-Editing for a Statistical MT System. Paper Presented at the MT Summit 13, 2011.

Beninatto, R. & Johnson, T. The General Theory of Translation Company: Nimdzi, 2017.

Bird, S., Klein, E. & Loper, E. Natural Language Processing with Python. Beijing/Cambridge: O'Reilly, 2009.

Bowker, L. Computer-Aided Translation Technology: A Practical Introduction. Ottawa: University of Ottawa, 2002.

Bowker, L. Computer-Aided Translation: Translator Training. In: S. -w. Chan (Ed.). The Routledge Encyclopedia of Translation Technology. London and New York: Routledge, 2015:88-104.

Calzolari, N., Fillmore, C. J., Grishman, R., Ide, N. & Lenci, A. Towards Best Practice for Multiword Expressions in Computational Lexicons. Paper Presented at the 3rd International

Conference on Language Resources and Evaluation, 2002.

Chan, S.-w. Computer-Aided Translation: Major Concepts. In: S.-w. Chan (Ed.). Routledge Encyclopedia of Translation Technology. London and New York: Routledge, 2015a:3-32.

Chan, S.-w. The Development of Translation Technology: 1967-2013. In:S.-w. Chan (Ed.). Routledge Encyclopedia of Translation Technology. London and New York: Routledge, 2015b:3-32.

Chan, S.-w. The Future of Translation Technology:Towards a World Without Babel, 2017.

Chatterjee, R. Automatic Post-Editing for Machine Translation. arXiv Preprint, 2019.

Chatterjee, R., Gebremelak, G., Negri, M. & Turchi, M. Online Automatic Post-Editing for MT in a Multi-Domain Translation Environment. Paper Presented at the Proceedings of the 15th Conference of the European Chapter of the Association for Computational Linguistics: Volume 1, Long Papers, 2017.

Chatterjee, R., Weller, M., Negri, M. & Turchi, M. Exploring the Planet of the Apes: A Comparative Study of State-of-the-Art, 2015.

Methods for MT Automatic Post-Editing. Paper Presented at the 53rd Annual Meeting of the Association for Computational Linguistics and the 7th International Joint Conference on Natural Language Processing.

Chatzikoumi, E. How to Evaluate Machine Translation: A Review of Automated and Human Metrics. Natural Language Engineering, 2019:1-25.

Cho, K. Introduction to Neural Machine Translation with GPUs. Retrieved from https://devblogs.nvidia.com/introduction-neural-machine-translation-with-gpus/, 2015.

Cho, K., Bahdanau, D., Bougares, F., Schwenk, H. & Bengio, Y. Learning Phrase Representations Using RNN Encoder-Decoder for Statistical Machine Translation. (arXiv: 1406.1078). arXiv Preprint, 2014.

Costa, Â., Ling, W., Luís, T., Correia, R. & Coheur, L. A Linguistically Motivated Taxonomy for Machine Translation Error Analysis. Machine Translation, 2015, 29(2): 127-161.

Daems, J., Macken, L. & Vandepitte, S. Quality as the Sum of Its Parts: A Two-Step Approach for the Identification of Translation Problems and Translation Quality Assessment for HT and MT+ PE. Paper Presented at the Proceedings of MT Summit XIV Workshop on Post-Editing Technology and Practice, 2013.

Daems, J., Vandepitte, S., Hartsuiker, R. & Macken, L. The Impact of Machine Translation Error Types on Post-Editing Effort Indicators. Paper Presented at the 4th Workshop on Post-Editing Technology and Practice (WPTP4), 2015.

Daniel, H. & Jakob, E. Incremental Re-Training for Post-Editing SMT. Paper Presented at the AMTA 2010, 2011.

de Souza, C. S. The Semiotic Engineering of User Interface Languages. International Journal of Man-Machine Studies, 1993, 39 (5): 753-773. doi: http://dx. doi. org/10. 1006/ imms. 1993. 1082.

De Souza, C. S. The Semiotic Engineering of Human-Computer Interaction. Cambridge, Mass.: MIT Press, 2005.

Declercq, C. Editing in Translation Technology. In: S. -w. Chan (Ed.). The Routledge Encyclopedia of Translation. London and New York: Routledge, 2015:480-493.

Doherty, S. & O'Brien, S. Can MT Output Be Evaluated Through Eye Tracking. Proceedings of MT Summit XII, 2009:214-221.

Esselink, B. A Practical Guide to Localization Language International World Directory v 4 (pp. 488 p.). Retrieved from http://site. ebrary. com/lib/ascc/Doc? id=5004956, 2000.

Federico, M., Negri, M., Bentivogli, L. & Turchi, M. Assessing the Impact of Translation Errors on Machine Translation Quality with Mixed-Effects Models. Paper Presented at the Proceedings of the 2014 Conference on Empirical Methods in Natural Language Processing (EMNLP), 2014.

Fonseca, E., Yankovskaya, L., Martins, A. F., Fishel, M. & Federmann, C. Findings of the WMT 2019 Shared Tasks on Quality Estimation. Paper Presented at the Proceedings of the Fourth Conference on Machine Translation (Volume 3: Shared Task Papers, Day 2), 2019.

Frantzi, K., Ananiadou, S. & Mima, H. Automatic Recognition of Multi-Word Terms: The C-Value/NC-Value Method. International Journal on Digital Libraries, 2000, 3(2):115-130. doi:10. 1007/s007999900023.

Freigang, K. H. Automation of Translation: Past, Presence, and Future, 2001.

Gale, W. A. & Church, K. W. A Program for Aligning Sentences in Bilingual Corpora. Paper Presented at the Proceedings of the 29th Annual Meeting on Association for Computational Linguistics, Berkeley, California, 1991.

Görög, A. Quality Evaluation Today: The Dynamic Quality Framework. Translating and the Computer, 2014, 36:155-164.

Gotti, F., Langlais, P., Macklovitch, E., Bourigault, D., Robichaud, B. & Coulombe, C. 3GTM: A Third-Generation Translation Memory. Paper Presented at the 3rd Computational Linguistics in the North-East (CLiNE) Workshop, Gatineau, Québec, 2005.

Hinton, G. E., Osindero, S. & Teh, Y. W. A Fast Learning Algorithm for Deep Belief Nets. Neural Computation, 2006, 18(7):1527-1554.

Hutchins, J. ALPAC: The (in)Famous Report. MT News International, 1996, 14:9-12.

Hutchins, J. The Origins of the Translator's Workstation. Machine Translation, 1998, 13(4): 287-307.

Hutchins, J. Current Commercial Machine Translation Systems and Computer-Based Translation Tools: System Types and Their Uses. International Journal of Translation, 2005, 17(1-2): 5-38.

Hutchins, J. & Somers, H. L. An Introduction to Machine Translation. London: Academic Press, 1992.

Ive, J., Blain, F. & Specia, L. DeepQuest: A Framework for Neural-Based Quality Estimation. Paper Presented at the COLING 2018, the 27th International Conference on Computational Linguistics, 2018.

Jackendoff, R. S. The Architecture of the Language Faculty. Cambridge, Mass.: MIT Press, 1997.

Jakobsen, A. L. & Jensen, K. T. Eye Movement Behaviour Across Four Different Types of Reading Task. Copenhagen Studies in Language, 2008(36):103-124.

Jurafsky, D. & Martin, J. H. Speech and Language Processing: An Introduction to Natural Language Processing, Computational Linguistics, and Speech Recognition. 2019.

Just, M. A. & Carpenter, P. A. A Theory of Reading: From Eye Fixations to Comprehension. Psychological Review, 1980, 87(4):329.

Kageura, K. & Umino, B. Methods of Automatic Term Recognition: A Review. Terminology, 1996, 3(2):259-289.

Kay, M. The Proper Place of Men and Machines in Language Translation. Machine Translation, 1998, 12(1/2):3-23. doi:10.1023/a:1007911416676

Kim, H., Lee, J.-H. & Na, S.-H. Predictor-Estimator Using Multilevel Task Learning with Stack Propagation for Neural Quality Estimation. Paper Presented at the Proceedings of the Second Conference on Machine Translation, 2017.

Kit, C. & Wong, B. T.-m. Evaluation in Machine Translation and Computer-Aided Translation. In: S.-w. Chan (Ed.). Routledge Encyclopedia of Translation Technology. London and New York: Routledge, 2015:213-236.

Koponen, M., Aziz, W., Ramos, L. & Specia, L. Post-Editing Time as a Measure of Cognitive Effort. Proceedings of WPTP, 2012:11-20.

Korkontzelos, I. Unsupervised Learning of Multiword Expressions [Electronic Resource]. (PhD), University of York, 2010.

Krings, H. P. Repairing Texts: Empirical Investigations of Machine Translation Post-Editing Processes (Vol. 5): Kent State University Press, 2001.

Lacruz, I., Denkowski, M. & Lavie, A. Cognitive Demand and Cognitive Effort in Post-Editing. Paper Presented at the AMTA 2014, 2014.

Lacruz, I., Shreve, G. M. & Angelone, E. Average Pause Ratio as an Indicator of Cognitive Effort in Post-Editing: A Case Study. Paper Presented at the AMTA 2012 Workshop on

Post-Editing Technology and Practice, 2012.

Lagarda, A. L., Ortiz-Martínez, D., Alabau, V. & Casacuberta, F. Translating Without In-Domain Corpus: Machine Translation Post-Editing with Online Learning Techniques. Computer Speech & Language, 2015, 32(1):109-134. doi:https://doi.org/10.1016/j.csl.2014.10.004.

Li, Y., McLean, D., Bandar, Z. A., O'Shea, J. D. & Crockett, K. Sentence Similarity Based on Semantic Nets and Corpus Statistics. IEEE Trans. on Knowl. and Data Eng., 2006, 18(8):1138-1150. doi:10.1109/tkde.2006.130.

Libovický, J., Helcl, J., Tlustý, M. & al, e. CUNI System for WMT16 Automatic Post-Editing and Multimodal Translation Tasks. Paper Presented at the First Conference on Machine Translation: Volume 2, Shared Task Papers, 2016.

Lossio-Ventura, J. A., Jonquet, C., Roche, M. & Teisseire, M. Biomedical Term Extraction: Overview and a New Methodology. Information Retrieval Journal, 2016, 19(1-2):59-99.

Makoushina, J. Translation Quality Assurance Tools: Current State and Future Approaches. Translating and the Computer, 2007, 29.

Massardo, I. & Meer, J. v. d. The Translation Industry in 2022: A Report from the TAUS Industry Summit. 2017.

Maynard, D. & Ananiadou, S. Identifying Terms by Their Family and Friends. Paper Presented at the 18th Conference on Computational Linguistics, Morristown, NJ, USA, 2000.

Melby, A. Multi-Level Translation Aids in a Distributed System. Paper Presented at the the Ninth International Conference on Computational Linguistics, Prague, 1982.

Melby, A., Lommel, A. & Vázquez, L. M. Bitext. In: S.-w. Chan (Ed.). Routledge Encyclopedia of Translation Technology. London and New York: Routledge, 2015:409-424.

Melby, A. & Wright, S. E. Translation Memory. In: S.-w. Chan (Ed.). Routledge Encyclopedia of Translation Technology. London and New York: Routledge, 2015:662-677.

Moirón, B. V. Fixed Expressions and Their Modifiability (PhD). University of Groningen, Netherlands, 2005.

Negri, M., Turchi, M., Bertoldi, N. & Federico, M. Online Neural Automatic Post-Editing for Neural Machine Translation. Paper Presented at the Fifth Italian Conference on Computational Linguistics (CLiC-it 2018), 2018.

Nielsen, J. Heuristic Evaluation. In: J. Nielsen & R. L. Mack (Eds.). Usability Inspection Methods. New York, NY.: John Wiley & Sons, 1994.

O'Brien, S. Machine-Translatability and Post-Editing Effort: An Empirical Study Using Translog and Choice Network Analysis. (PhD), Dublin City University, 2006.

O'Brien, S., Choudhury, R., Meer, J. V. D., & Monasterio, N. A. Dynamic Quality Evaluation Framework. Retrieved from De Rijp, The Netherlands: https://www.taus.net/filedownloads/download-file? path=Free+Reports%2Ftausdynamicquality.pdf, 2011.

Ogden, C. K., Richards, I. A., Malinowski, B., Crookshank, F. G. & Postgate, J. P. The Meaning of Meaning: A Study of the Influence of Language Upon Thought and of the Science of Symbolism. London, New York: K. Paul, Trench Harcourt, Brace & Company, 1923.

Papineni, K., Roukos, S., Ward, T. & Zhu, W.-J. Bleu: A Method for Automatic Evaluation of Machine Translation (RC22176 (W0109-022)). Retrieved from Yorktown Heights, NY: IBM Research Division, 2001.

Quah, C. K. Translation and Technology. New York: Palgrave MacMillan, 2006.

Sag, I. A., Baldwin, T., Bond, F., Copestake, A. & Flickinger, D. Multiword Expressions: A Pain in the Neck for NLP. Paper Presented at the CICLing 2002, 2002.

Sager, J. C. Language Engineering and Translation Consequences of Automation Benjamins Translation Library v 1 (pp. xix, 345 p.). Retrieved from http://site.ebrary.com/lib/ascc/Doc? id=10481817, 1994.

Simard, M., Goutte, C. & Isabelle, P. Statistical Phrase-Based Post-Editing. Paper Presented at the Human Language Technologies 2007: The Conference of the North American Chapter of the Association for Computational Linguistics, 2007.

Snover, M., Dorr, B., Schwartz, R., Micciulla, L. & Makhoul, J. A Study of Translation Edit Rate with Targeted Human Annotation. Paper Presented at the Association for Machine Translation in the Americas, 2006.

Somers, H. L. Review Article: Example-Based Machine Translation. Machine Translation, 1999, 14:113-157.

Somers, H. L. Computers and Translation: A Translator's Guide. Amsterdam; Philadelphia: J. Benjamins, 2003.

Souza, C. S. D. Semiotic Engineering: Bringing Designers and Users Together at Interaction Time. Interacting with Computers, 2005, 17:317-341.

Specia, L., Blain, F., Logacheva, V., Astudillo, R. & Martins, A. F. Findings of the WMT 2018 Shared Task on Quality Estimation. Paper Presented at the Proceedings of the Third Conference on Machine Translation: Shared Task Papers, 2018.

Specia, L., Raj, D. & Turchi, M. Machine Translation Evaluation Versus Quality Estimation. Machine Translation, 2010, 24(1):39-50. doi:10.1007/s10590-010-9077-2.

Specia, L., Shah, K., De Souza, J. G. & Cohn, T. QuEst-A Translation Quality Estimation Framework. Paper Presented at the Proceedings of the 51st Annual Meeting of the Association for Computational Linguistics: System Demonstrations, 2013.

Tatsumi, M. Post-Editing Machine Translated Text in a Commercial Setting: Observation and Statistical Analysis (PhD). Dublin City University, 2010.

TAUS. MT Post-Editing Guidelines. Retrieved from http://www.taus.net/academy/best-practices/postedit-best-practices/machine-translation-post-editing-guidelines, 2016.

TAUS. TAUS Machine Translation Market Report 2017. Retrieved from https://www.taus.net/think-tank/reports/translate-reports/taus-machine-translation-market-report-2017, 2017.

Tebbifakhr, A., Agrawal, R., Negri, M. & Turchi, M. Multi-Source Transformer with Combined Losses for Automatic Post Editing. Paper Presented at the Proceedings of the Third Conference on Machine Translation: Shared Task Papers, 2018.

Temnikova, I. P. Cognitive Evaluation Approach for a Controlled Language Post-Editing Experiment. Paper Presented at the LREC, 2010.

Tezcan, A. Informative Quality Estimation of Machine Translation Output. Ghent University, 2018.

Torres-Ramos, S. & Garay-Quezada, R. E. A Survey on Statistical-Based Parallel Corpus Alignment. Research in Computing Science, 2015, 90:57-76.

Vaswani, A., Shazeer, N., Parmar, N., Uszkoreit, J., Jones, L., Gomez, A. N., ... Polosukhin, I. Attention Is All You Need. Advances in Neural Information Processing Systems, 2017:6000-6010.

Vilar, D., Xu, J., Luis Fernando, D. H. & Ney, H. Error Analysis of Statistical Machine Translation Output. Paper Presented at the LREC, 2006.

Walker, A. SDL Trados Studio—A Practical Guide. Birmingham, UK: Packt Publishing, 2014a.

Walker, A. SDL Trados Studio—A Practical Guide. Birmingham: Packt Publishing Ltd, 2014b.

Wang, J., Fan, K., Li, B., Zhou, F., Chen, B., Shi, Y. & Si, L. Alibaba Submission for WMT18 Quality Estimation Task. Paper Presented at the Proceedings of the Third Conference on Machine Translation: Shared Task Papers, 2018.

Wright, S. E. Terminology Management Entry Structures. In: S. E. Wright & G. Budin (Eds.). Handbook of Terminology Management (Volume 2): Application-Oriented Terminology Management. Amsterdam; Philadelphia: John Benjamins Publishing Company, 2001:572-599.

Wright, S. E. & Budin, G. Handbook of Terminology Management (Volume 1): Basic Aspects of Terminology Management. Retrieved from http://site.ebrary.com/lib/ascc/Doc?id=10464474, 1997:xiv, 370 p.

Wright, S. E. & Wright, L. D. Terminology Management for Technical Translation. In: S. E. Wright & G. Budin (Eds.). Handbook of Terminology Management (Volume 1): Basic

Aspects of Terminology Management. Amsterdam; Philadelphia: J. Benjamins, 1997:147-159.

Yamada, M. Can College Students Be Post-Editors? An Investigation Into Employing Language Learners in Machine Translation Plus Post-Editing Settings. Machine Translation, 2015, 29(1):49-67. doi:10.1007/s10590-014-9167-7.

陈谊, 范姣莲. 计算机辅助翻译——新世纪翻译的趋势. 中国现代教育装备, 2008(12): 30-32.

崔启亮. 论机器翻译的译后编辑. 中国翻译, 2014, 35(6): 68-73.

崔启亮, 胡一鸣. 翻译与本地化工程技术实践. 北京: 北京大学出版社, 2011.

崔启亮, 李闻. 译后编辑错误类型研究——基于科技文本英汉机器翻译. 中国科技翻译, 2015, 28(4): 19-22.

冯志伟. 现代术语学引论. 北京: 商务印书馆, 2011.

靳光洒. 计算机辅助翻译技术的现状与发展趋势论析. 沈阳工程学院学报(自然科学版), 2010, 6(3): 264-266, 280.

李丽双, 党延忠, 张婧, 李丹. 基于条件随机场的汽车领域术语抽取. 大连理工大学学报, 2013, 53(2): 267-272.

李梅, 朱锡明. 译后编辑自动化的英汉机器翻译新探索. 中国翻译, 2013, 34(4): 83-87.

刘涌泉. 略论我国的术语工作. 选自: 刘青. 中国术语学研究与探索. 北京: 商务印书馆, 2010: 315-330.

卢植, 孙娟. 人工翻译和译后编辑中认知加工的眼动实验研究. 外语教学与研究, 2018, 50(5): 760-769, 801.

罗选民. 论翻译的转换单位. 外语教学与研究, 1992(4): 32-37.

马祖毅. 中国翻译简史——"五四"以前部分. 北京: 中国对外翻译出版公司, 2004.

潘文国. 语言的定义. 华东师范大学学报(哲学社会科学版), 2001(1): 97-108, 128.

彭长江. 论翻译过程涉及的各种言语单位——与曾利沙先生商榷. 解放军外国语学院学报, 2005(4): 46-50.

钱多秀. 计算机辅助翻译. 北京: 外语教学与研究出版社, 2011.

宋培彦, 王星, 李俊莉. 术语知识库的构建与服务研究. 情报理论与实践, 2014(11): 110-113.

苏明阳, 丁山. 翻译单位研究对计算机辅助翻译的启示. 外语研究, 2009(6): 84-89.

谭载喜. 西方翻译简史. 北京: 商务印书馆, 1991.

涂铭, 刘祥, 刘树春. Python自然语言处理实战: 核心技术和算法. 北京: 机械工业出版社, 2018.

王斌. 汉英双语语料库自动对齐研究. 北京: 中国科学院博士论文, 1999.

王冰. 我国早期物理学名词的翻译及演变. 选自: 刘青. 中国术语学研究与探索. 北京: 商务印书馆, 2010: 441-461.

王华树. 浅议实践中的术语管理. 中国科技术语, 2013(2):11-14.

王华树. 信息化时代的计算机辅助翻译技术研究. 外文研究, 2014, 2(3):92-108.

王华树, 冷冰冰, 崔启亮. 信息化时代应用翻译研究体系的再研究. 上海翻译, 2013(1): 7-13.

王华树, 刘梦佳. 国外翻译服务标准研究初探. 翻译论坛, 2015(3):23-29.

王华树, 王少爽. 语料对齐技术的翻译应用研究. 中国科技翻译, 2017, 30(4):16-19.

王华树, 张政. 翻译项目中的术语管理研究. 上海翻译, 2014(4):64-69.

王华伟, 王华树. 翻译项目管理实务. 北京:中国出版传媒股份有限公司;中国对外翻译出版有限公司, 2012.

王正. 翻译记忆系统的发展历程与未来趋势. 翻译论丛, 2011, 4(1): 133-160.

吴云芳, 穗志方, 邱利坤, 宋作燕, 胡俊峰. 信息科学与技术领域术语部件描述. 语言文字应用, 2003(4): 34-39.

许钧. 简论翻译过程的实际体验与理论探索. 外语与外语教学, 2003(4):33-39,51.

杨颖波, 王华伟, 崔启亮. 本地化与翻译导论. 北京:北京大学出版社, 2011.

叶娜, 张桂平, 韩亚冬, 蔡东风. 从计算机辅助翻译到协同翻译. 中文信息学报, 2012, 26(6):1-10.

尹宝才, 王文通, 王立春. 深度学习研究综述. 北京工业大学学报, 2015, 41(1):48-59.

俞敬松, 王华树. 计算机辅助翻译硕士专业教学探讨. 中国翻译, 2010(3):38-42, 96.

袁劲松, 张小明, 李舟军. 术语自动抽取方法研究综述. 计算机科学, 2015, 42(8):7-12.

约阿夫·戈尔德贝格. 基于深度学习的自然语言处理. 北京:机械工业出版社, 2018.

张南军, 顾小放, 张晶晶. 中国制订翻译服务标准的成因、目的及意义. 世界翻译大会论文, 上海, 2008.

张普. 流通度在 IT 术语识别中的应用分析. 选自:刘青. 中国术语学研究与探索. 北京:商务印书馆, 2010: 556-569.

张文静, 梁颖红. 术语抽取技术研究. 信息技术, 2008(3): 6-9.

郑述谱. 术语的定义. 术语标准化与信息技术, 2005(1): 4-11,14.

钟云飞, 唐少炎. 计算机排版原理. 北京:印刷工业出版社, 2005.

周浪. 中文术语抽取若干问题研究. 南京理工大学博士论文, 2010.

周世生, 董明达. 计算机排版原理. 西安:西北工业出版社, 1991.

朱耘婵. 合作翻译中专业术语翻译差异性探究. 华中科技大学学士论文, 2016.